Elena Mera

WISO-Studientexte · Band 2

Herausgegeben von Prof. Dr. Eckart Bomsdorf, Köln und
Prof. Dr. Josef Kloock, Köln

Eckart Bomsdorf

Induktive Statistik

Eine Einführung

5., durchgesehene Auflage

Verlag Josef Eul

Bergisch Gladbach · Köln

Die Deutsche Bibliothek – CIP-Einheitsaufnahme

Bomsdorf, Eckart:
Induktive Statistik : eine Einführung / Eckart Bomsdorf. – 5., durchges. Aufl. – Bergisch Gladbach ; Köln : Eul, 1992.
(WISO-Studientexte ; Bd. 2)
ISBN 3-89012-276-0
NE: GT

Josef Eul Verlag GmbH
Postfach 10 06 56
5060 Bergisch Gladbach 1

Printed in Germany
Druck: Difo-Druck GmbH, Bamberg

VORWORT ZUR ERSTEN AUFLAGE

Der hiermit vorgelegte Studientext gibt eine Einführung in die induktive Statistik unter Einbeziehung der Wahrscheinlichkeitsrechnung; ein 1985 vom selben Verfasser erschienener Band enthält die deskriptive Statistik. Beide Bände sind in enger Anlehnung an die an der Wirtschafts- und Sozialwissenschaftlichen Fakultät der Universität zu Köln verwendete Formelsammlung zur Grundausbildung in Statistik entstanden (vgl. Bihn, W.R., u. K.-A.Schäffer: Formeln und Tabellen zur Grundausbildung in Statistik für Wirtschaftswissenschaftler, 3. Aufl., Köln 1985). Sie sind als vorlesungsbegleitende Studientexte konzipiert und sollen den Studenten den Zugang zur Statistik und die Mitarbeit in Vorlesungen und Übungen erleichtern.

Die inhaltliche Beschränkung auf die Bereiche des statistischen Grundstudiums für Wirtschaftswissenschaftler machte eine Stoffauswahl notwendig. Bei der Präsentation der induktiven Statistik wird teilweise zugunsten der einfacheren und kompakten Darstellung auf mathematische Strenge verzichtet, ohne die starke Beziehung der Statistik zur Mathematik zu verleugnen; umfangreiche Beweise werden vermieden. Zahlreiche Beispiele, Übersichten und Abbildungen unterstützen den Text. Die einzelnen Kapitel werden durch eine knappe formelmäßige Zusammenfassung abgeschlossen. Sie werden nicht durch zusätzliche Aufgaben ergänzt; hier sei auf die Aufgabensammlung von Bihn und Schäffer verwiesen.

Mein Dank gilt den Mitarbeitern des Seminars für Wirtschafts- und Sozialstatistik der Universität zu Köln, die mir bei der Abfassung dieses Textes in vielfältiger Weise Hilfestellung leisteten; insbesondere Frau Dipl.-Stat. Sabine Brenneisen-Häbel, die das Zeichnen der Abbildungen, und Herrn Dipl.-Volksw. Joachim Wannhoff, der die Anfertigung der Tabellen betreute. Frau Elke Lorenz erstellte das Typoskript mit großer Sorgfalt.

Köln, im Frühjahr 1986 Eckart Bomsdorf

VORWORT ZUR FÜNFTEN AUFLAGE

Bei der Durchsicht des Textes wurden einige inhaltliche Ergänzungen vorgenommen, Druckfehler beseitigt und die Literaturhinweise aktualisiert.

Köln, im April 1992 Eckart Bomsdorf

INHALTSVERZEICHNIS

EINLEITUNG

Die deskriptive Statistik versucht u.a., die Einzeldaten einer statistischen Erhebung zu verdichten. Sie verwendet dabei neben Methoden der extensiven Charakterisierung der Daten insbesondere die Möglichkeiten der intensiven Charakterisierung durch statistische Maßzahlen. Dabei ist es weitgehend irrelevant, ob die Daten eine Gesamtheit vollständig erfassen oder ob lediglich eine Teilerhebung (Stichprobe) aus einer Gesamtheit vorliegt.

In vielen Fällen ist - z.B. aus technischen Gründen - eine Gesamterhebung nicht möglich oder nicht sinnvoll. Möchte man dennoch Aussagen über die relevante Grundgesamtheit machen, kann man auf Methoden der induktiven Statistik zurückgreifen.

Die induktive Statistik geht von Stichproben aus und beschäftigt sich vor allem mit den beiden folgenden Bereichen. Zum einen sollen unbekannte Größen der Grundgesamtheit geschätzt werden (z.B. mittlere Lebensdauer von Motoren, durchschnittliches monatliches Haushaltseinkommen, Anteil der gewerkschaftlich organisierten Personen an FDP-Wählern), zum anderen sollen Hypothesen über Grundgesamtheiten überprüft werden (z.B. Hypothesen über die mittlere Lebensdauer von Motoren, über die Verteilung einer Grundgesamtheit, über die Abhängigkeit zweier Merkmale).

Derartige Aussagen können jedoch nicht mit Sicherheit, sondern nur auf einem bestimmten Wahrscheinlichkeitsniveau getroffen werden. Grundlage der statistischen Schätz- und Testverfahren ist daher die Wahrscheinlichkeitsrechnung. Diese beschäftigt sich u.a. mit Zufallsexperimenten, d.h. mit Experimenten, deren Ergebnisse nicht mit Sicherheit vorhergesagt werden können. Die Möglichkeit des Eintretens einzelner Ereignisse soll durch ein vom Ereignis abhängiges Maß, eine Wahrscheinlichkeit, charakterisiert werden.

Elemente der Wahrscheinlichkeitsrechnung bilden somit die Voraussetzung für die Behandlung von statistischen Schätz- und Testverfahren; diese Elemente sind daher im folgenden als erstes zu behandeln.

I WAHRSCHEINLICHKEITSRECHNUNG

1 WAHRSCHEINLICHKEIT VON ZUFÄLLIGEN EREIGNISSEN

1.1 Zufällige Ereignisse

Beim Werfen eines Würfels können die Augenzahlen 1,2,3,4,5 oder 6 als Ergebnis des Wurfes auftreten. Welche dieser Zahlen geworfen wird, ist ungewiß. Ein solcher Wurf ist ein typisches Beispiel für ein Zufallsexperiment.

Unter einem Zufallsexperiment versteht man ein Experiment, das wiederholbar ist, und dessen Ergebnis man nicht mit Sicherheit vorhersagen kann. Die Menge aller möglichen Ergebnisse e_i eines Zufallsexperiments nennt man Ergebnismenge oder Ergebnisraum S. Falls S abzählbar ist, wird die Ergebnismenge wie folgt geschrieben:

$$S = \{e_i \mid i = 1,2,\ldots\} = \{e_1, e_2, \ldots\} .$$

Jede nichtleere Teilmenge $A \subset S$ bezeichnet man als zufälliges Ereignis. Das zufällige Ereignis $A \subset S$ tritt genau dann ein, wenn irgendein zur Menge A gehörendes Element (Ergebnis) realisiert wird. Die einelementigen Teilmengen von S heißen Elementarereignisse.

Ist $A = S$, so spricht man vom sicheren Ereignis, denn bei jedem Zufallsexperiment tritt ein Element der zugehörigen Ereignismenge S ein, da S alle möglichen Resultate des Zufallsexperiments enthält. Unter dem unmöglichen Ereignis versteht man die Menge, die kein Element enthält ($A = \emptyset$). Falls S aus n Elementen besteht, gibt es $\sum_{k=0}^{n} \binom{n}{k} = 2^n$ Teilmengen von S. (Zum Binomialkoeffizienten $\binom{n}{k}$ vgl. Anhang zur Kombinatorik.)

<u>Beispiel 1</u>: Zufallsexperiment: Werfen eines Würfels
Ergebnismenge: Augenzahl i
Anzahl der Elementarereignisse: 6

$S = \{e_1,e_2,e_3,e_4,e_5,e_6\}$, wobei e_i $(i = 1,\ldots,6)$ angeben soll, daß die Augenzahl i das Ergebnis des Zufallsexperiments ist. Man schreibt auch kürzer $S = \{1,2,3,4,5,6\}$. Das sichere Ereignis ist $A = S = \{1,2,3,4,5,6\}$, das unmögliche Ereignis $A = \emptyset = \{\ \}$. Alle möglichen Teilmengen von S sind

{ }					
{1}	{2}	{3}	{4}	{5}	{6}
{1,2}	{1,3}	{1,4}	{1,5}	{1,6}	
{2,3}	{2,4}	{2,5}	{2,6}	{3,4}	
{3,5}	{3,6}	{4,5}	{4,6}	{5,6}	
{1,2,3}	{1,2,4}	{1,2,5}	{1,2,6}		
{1,3,4}	{1,3,5}	{1,3,6}	{1,4,5}		
{1,4,6}	{1,5,6}	{2,3,4}	{2,3,5}		
{2,3,6}	{2,4,5}	{2,4,6}	{2,5,6}		
{3,4,5}	{3,4,6}	{3,5,6}	{4,5,6}		
{1,2,3,4}	{1,2,3,5}	{1,2,3,6}			
{1,2,4,5}	{1,2,4,6}	{1,2,5,6}			
{1,3,4,5}	{1,3,4,6}	{1,3,5,6}			
{1,4,5,6}	{2,3,4,5}	{2,3,4,6}			
{2,3,5,6}	{2,4,5,6}	{3,4,5,6}			
{1,2,3,4,5}	{1,2,3,4,6}	{1,2,3,5,6}			
{1,2,4,5,6}	{1,3,4,5,6}	{2,3,4,5,6}			
{1,2,3,4,5,6}					

Die folgenden <u>Venndiagramme</u> (Abb. 1 bis 4) verdeutlichen beispielhaft bezogen auf Ereignisse $A,B \subseteq S$ (S abzählbar) die vier mengentheoretischen Operationen Vereinigung, Durchschnitt, Komplement und Differenz:

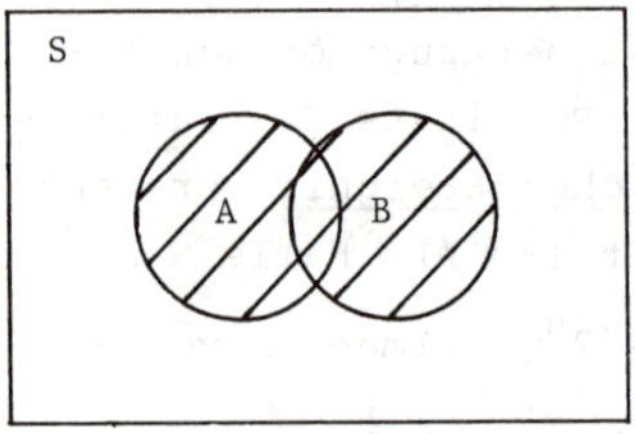

<u>Vereinigungsereignis $A \cup B$</u>
(wenigstens eines der Ereignisse A oder B wird realisiert)
$A \cup B = \{e_i \mid e_i \in A \vee e_i \in B\}$

<u>Abb. 1</u>: $A \cup B$

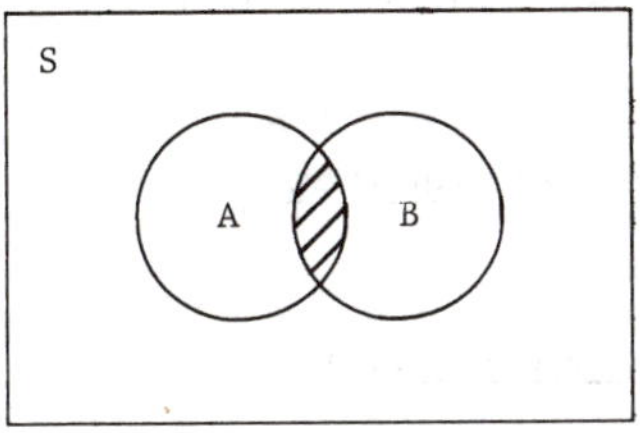

Abb. 2: $A \cap B$

Durchschnittsereignis $A \cap B$

(Ereignisse A und B treten gemeinsam ein)

$A \cap B = \{e_i \mid e_i \in A \wedge e_i \in B\}$

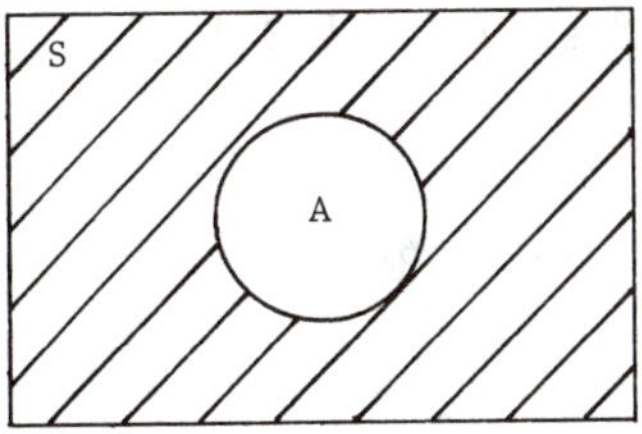

Abb. 3: $\bar{A}$

Komplementärereignis $\bar{A}$ zu A

$\bar{A} = \{e_i \mid e_i \in S \wedge e_i \notin A\}$

$A \cup \bar{A} = S$

$A \cap \bar{A} = \emptyset$

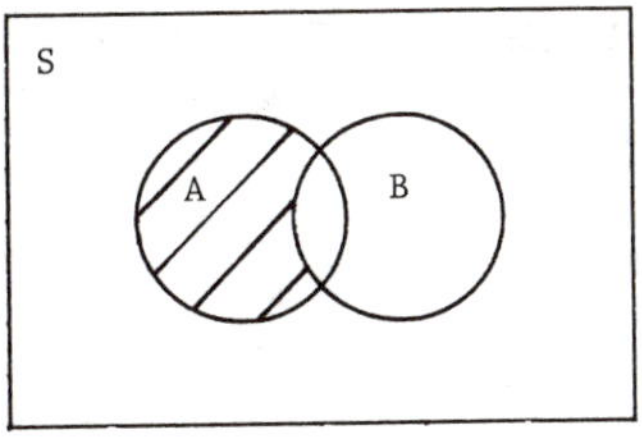

Abb. 4: $A \setminus B$

Differenzereignis $A \setminus B$

(Ereignis A, aber nicht Ereignis B tritt ein)

$$A \setminus B = \{e_i \mid e_i \in A \wedge e_i \notin B\} = \{e_i \mid e_i \in A \wedge e_i \in \bar{B}\} = A \cap \bar{B}$$

Beispiel 2: Werfen eines Würfels: $S = \{1,2,3,4,5,6\}$

Für $A = \{1,5\}$ und $B = \{1,4,6\}$

folgt
$A \cup B = \{1,4,5,6\}$
$A \cap B = \{1\}$
$\bar{A} = \{2,3,4,6\}$
$\bar{B} = \{2,3,5\}$
$A \setminus B = \{5\}$
$B \setminus A = \{4,6\}$

Für Mengen und damit auch für Ereignisse A, B, C gelten die folgenden Aussagen:

$A \cup B = B \cup A$	Kommutativgesetz
$A \cap B = B \cap A$	
$A \cup (B \cup C) = (A \cup B) \cup C$	Assoziativgesetz
$A \cap (B \cap C) = (A \cap B) \cap C$	
$A \cup (B \cap C) = (A \cup B) \cap (A \cup C)$	Distributivgesetz
$A \cap (B \cup C) = (A \cap B) \cup (A \cap C)$	
$\overline{A \cup B} = \bar{A} \cap \bar{B}$	de Morgansche Regeln
$\overline{A \cap B} = \bar{A} \cup \bar{B}$	

Beispiel 3: Werfen eines Würfels: $S = \{1,2,3,4,5,6\}$

$A = \{1,5\}$, $B = \{1,4,6\}$

$\bar{A} = \{2,3,4,6\}$, $\bar{B} = \{2,3,5\}$

$\overline{A \cup B} = \{2,3,4,6\} \cap \{2,3,5\} = \{2,3\}$

$\overline{A \cap B} = \{2,3,4,6\} \cup \{2,3,5\} = \{2,3,4,5,6\}$

Zwei Ereignisse $A, B \subseteq S$ heißen unvereinbar oder disjunkt, falls $A \cap B = \emptyset$ gilt.

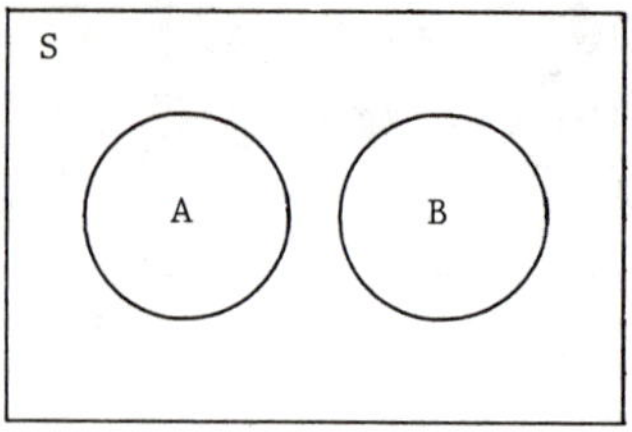

Abb. 5: $A \cap B = \emptyset$

Unter einer vollständigen Zerlegung von S versteht man Ereignisse $A_1, A_2, \ldots, A_k \subseteq S$, für die

$A_i \neq \emptyset$ für $i = 1, \ldots, k$,

$A_i \cap A_j = \emptyset$ für $i, j = 1, \ldots, k$ und $i \neq j$,

$A_1 \cup A_2 \cup \ldots \cup A_k = S$ gilt.

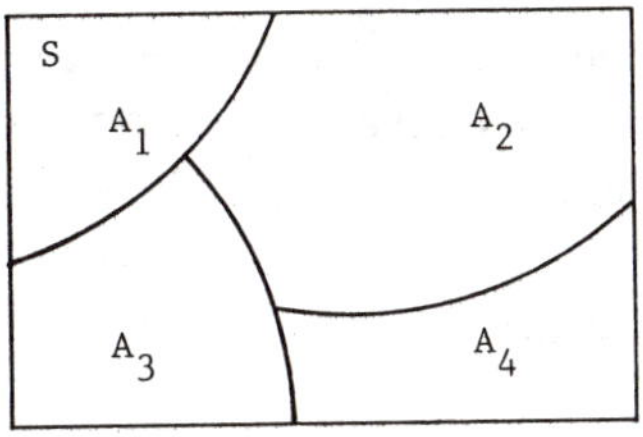

Abb. 6: Vollständige Zerlegung von S (k = 4)

Beispiel 4: Werfen eines Würfels: $S = \{1,2,3,4,5,6\}$
Vollständige Zerlegung von S: $A_1 = \{1,2\}$, $A_2 = \{3\}$, $A_3 = \{4,5,6\}$

$A_1 \cap A_2 = \emptyset$, $A_1 \cap A_3 = \emptyset$, $A_2 \cap A_3 = \emptyset$, $A_1 \cup A_2 \cup A_3 = S$

1.2 Wahrscheinlichkeitsbegriffe

Die Ergebnisse von Zufallsexperimenten kann man nicht mit Sicherheit voraussagen. Beim Werfen eines Würfels sind sechs Ergebnisse möglich; man wird sogar sagen, alle Ergebnisse sind gleichmöglich, da man bei einem unverfälschten Würfel davon ausgehen kann, daß kein Resultat bevorzugt auftritt. Von Interesse ist hier ein Maß für die Möglichkeit des Auftretens von Elementarereignissen oder allgemeiner von Ereignissen. Im täglichen Leben gebraucht man in diesem Zusammenhang häufig den Begriff Wahrscheinlichkeit (Wahrscheinlich regnet es morgen. Wahrscheinlich gehe ich in die Vorlesung.), ohne ihn genauer definieren und quantifizieren zu können.

Man unterscheidet in der Wahrscheinlichkeitsrechnung verschiedene Wahrscheinlichkeitsbegriffe, von denen zunächst zwei etwas näher betrachtet werden sollen:

(1) Klassischer Wahrscheinlichkeitsbegriff nach Laplace

Es sei S eine endliche Ergebnismenge und A eine Teilmenge von S. Ist n(A) die Anzahl der Elemente, die A enthält (Anzahl der für A günstigen Fälle), und n(S) die Gesamtzahl aller Elemente (Anzahl der (gleichmöglichen) Fälle), so ist die Wahrscheinlichkeit P(A) für das Eintreten des Ereignisses A

$$P(A) = \frac{n(A)}{n(S)} \quad ,$$

falls angenommen werden kann, daß kein Ergebnis bevorzugt auftritt (klassischer Wahrscheinlichkeitsbegriff nach Laplace).

Beispiel 5: Werfen eines Würfels: $S = \{1,2,3,4,5,6\}$

$A = \{1,5\}$, $B = \{1,4,6\}$

$P(A) = \frac{2}{6} = \frac{1}{3}$ $P(B) = \frac{3}{6} = \frac{1}{2}$

$\bar{A} = \{2,3,4,6\}$ $\bar{B} = \{2,3,5\}$

$P(\bar{A}) = \frac{4}{6} = \frac{2}{3}$ $P(\bar{B}) = \frac{3}{6} = \frac{1}{2}$

---

(2) Statistischer Wahrscheinlichkeitsbegriff nach von Mises

Der Laplacesche Wahrscheinlichkeitsbegriff setzt gleichmögliche Ergebnisse bzw. Elementarereignisse voraus. Ist diese Voraussetzung nicht erfüllt oder ist anzunehmen, daß sie nicht gilt, führt dieser Wahrscheinlichkeitsbegriff nicht weiter. Eine Möglichkeit, a posteriori - d.h. nach n-maligem Durchführen eines Zufallsexperiments - Wahrscheinlichkeiten für Ereignisse zu bestimmen, liefert der statistische Wahrscheinlichkeitsbegriff.

Sei $h_n(A)$ die absolute Häufigkeit, mit der ein Ereignis $A \subseteq S$ bei n-maligem Durchführen desselben Zufallsexperiments auftritt. Dann wird die relative Häufigkeit $\frac{h_n(A)}{n}$ als Näherung für die Wahrscheinlichkeit des Auftretens von A verwendet:

$$P(A) \doteq \frac{h_n(A)}{n} \quad .$$

Insbesondere wird $P(A) = \lim_{n\to\infty} \frac{h_n(A)}{n}$ gesetzt.

Hier - wie auch beim Laplaceschen Wahrscheinlichkeitsbegriff - gilt $0 \leq P(A) \leq 1$.

Beispiel 6: Werfen eines Würfels: $S = \{1,2,3,4,5,6\}$
$A = \{1,5\}$, $P(A) = \frac{1}{3}$ nach Laplace.

Bei wiederholtem Werfen des Würfels ergaben sich folgende Werte für $h_n(A)$ und $\frac{h_n(A)}{n}$:

n	10	20	30	40	50	60	70	80	90	100
$h_n(A)$	2	7	9	13	16	19	20	25	29	33
$\frac{h_n(A)}{n}$	0,200	0,350	0,300	0,325	0,320	0,317	0,286	0,313	0,322	0,330

Beide Wahrscheinlichkeitsbegriffe führen nicht zu einer Definition der Wahrscheinlichkeit. Sie liefern Möglichkeiten zur Berechnung der Wahrscheinlichkeit von Ereignissen, ohne daß diese Größe schon allgemein definiert ist.

1.3 Axiomatische Definition der Wahrscheinlichkeit

Grundlage der Wahrscheinlichkeitsrechnung sind die folgenden von Kolmogoroff formulierten Axiome für die Wahrscheinlichkeit von Ereignissen.

Eine Funktion P, die jedem Ereignis $A \subseteq S$ eine reelle Zahl zuordnet, heißt Wahrscheinlichkeitsmaß - kurz Wahrscheinlichkeit -, wenn sie folgenden Axiomen genügt:

Axiom 1: $P(A) \geq 0$

Axiom 2: $P(S) = 1$

Axiom 3: $P(\bigcup_i A_i) = \sum_i P(A_i)$, $A_i \subseteq S$ für $i = 1,2,\ldots$, falls $A_i \cap A_j = \emptyset$ für $i,j = 1,2,\ldots$ und $i \neq j$.

Das dritte Axiom wird im folgenden in erster Linie in der etwas einfacheren Darstellung $P(A \cup B) = P(A)+P(B)$ für $A,B \subseteq S$, falls $A \cap B = \emptyset$, verwendet.

Ergänzung: Die Menge aller Teilmengen von S (vgl. Beispiel 1) nennt man von S erzeugtes Ereignisfeld F(S). Häufig erweist es sich als unnötig oder schwierig, das gesamte Ereignisfeld F(S) zu betrachten. Man beschränkt sich auf eine Teilmenge T_F von F(S). Damit diese alle Ereignisse enthält, die bei Anwendung der für Ereignisse in Abschnitt I.1.1 dargestellten Verknüpfungen aus den Elementen von T_F entstehen können, muß T_F folgende Bedingungen erfüllen:

(1) $S \in T_F$

(2) $\bar{A} \in T_F$, falls $A \in T_F$

(3) $\bigcup_i A_i \in T_F$, falls $A_i \in T_F$, $i = 1,2,\ldots$.

Teilmengen T_F ($\subseteq F(S)$) mit diesen Eigenschaften bezeichnet man auch als Ereignisfeld oder als Ereignis-σ-Algebra.

Es genügt prinzipiell, die Axiome von Kolmogoroff auf ein Ereignisfeld T_F zu beschränken. Bei der oben dargelegten Form der Axiome von Kolmogoroff wird - wie auch an anderen Stellen - der einfacheren Darstellung der Vorzug vor der mathematischen Exaktheit gegeben.

Beispiel 7: Werfen eines Würfels

$S = \{e_1,e_2,e_3,e_4,e_5,e_6\} = \{1,2,3,4,5,6\}$

Die Funktion P mit

$P(\emptyset) = 0$

$P(\{e_i\}) = \frac{1}{6}$ für $i = 1,\ldots,6$

$P(S) = 1$

genügt den Axiomen 1 bis 3.
Sie stellt also ein Wahrscheinlichkeitsmaß dar.

Unter Verwendung von $B = \bar{A}$ folgt aus den Axiomen von Kolmogoroff mit $P(S) = P(A \cup \bar{A}) = P(A) + P(\bar{A}) = 1$

$$P(\bar{A}) = 1 - P(A) \quad \text{sowie} \quad P(A) \leq 1$$

und mit $A = S$ und $\bar{A} = \emptyset$

$$P(\emptyset) = 0.$$

Für $A \subseteq B$ folgt mit $C = B \setminus A$

$$B = A \cup C \quad \text{und} \quad A \cap C = \emptyset ,$$

$$P(B) = P(A \cup C) = P(A) + P(C)$$

sowie $P(A) \leq P(B)$, da $P(C) \geq 0$.

Beispiel 8: Werfen eines Würfels: $S = \{1,2,3,4,5,6\}$

$A = \{1,5\}$, $B = \{1,5,6\}$, $\bar{A} = \{2,3,4,6\}$

$A \subset B$

$P(A) = \frac{1}{3}$ $\quad P(B) = \frac{1}{2}$

$P(A) < P(B)$

$P(\bar{A}) = 1 - P(A) = \frac{2}{3}$

1.4 Bedingte Wahrscheinlichkeit

Wahrscheinlichkeiten werden immer für Ereignisse angegeben, die sich auf einen vorgegebenen Ergebnisraum beziehen. Man fragt z.B., wie groß ist die Wahrscheinlichkeit, beim Werfen eines Würfels eine 1 zu erhalten? Interessiert man sich für die Wahrscheinlichkeit, eine 1 zu würfeln, wenn man eine ungerade Zahl würfelt, so schränkt man den Ergebnisraum ein - in diesem Fall auf die ungeraden Zahlen. Man gelangt zu den bedingten Wahrscheinlichkeiten.

Für zwei Ereignisse $A,B \subseteq S$ wird

$$P(A|B) = \begin{cases} \frac{P(A \cap B)}{P(B)} & , \quad \text{falls } P(B) > 0 \\ 0 & , \quad \text{falls } P(B) = 0 \end{cases}$$

als die Wahrscheinlichkeit für das Eintreffen von Ereignis A unter der Bedingung, daß das Ereignis B eintritt, bezeichnet. $P(A|B)$ wird bedingte Wahrscheinlichkeit genannt. Mit bedingten Wahrscheinlichkeiten $P(A|B)$ rechnet man wie mit (unbedingten) Wahrscheinlichkeiten, wobei der Ergebnisraum auf das Ereignis B beschränkt wird.

Beispiel 9: Werfen eines Würfels: $S = \{1,2,3,4,5,6\}$

$A = \{1\}$ $\quad P(A) = \frac{1}{6}$

$B = \{1,3,5\}$ $\quad P(B) = \frac{1}{2}$

$A \cap B = \{1\}$ $\quad P(A \cap B) = \frac{1}{6}$

$$P(A|B) = \frac{\frac{1}{6}}{\frac{1}{2}} = \frac{1}{3}$$

$$P(\bar{A}|B) = 1 - P(A|B) = \frac{2}{3} .$$

Da A und B nur Symbole für Ereignisse darstellen, ist mit $P(A|B)$ auch $P(B|A)$ definiert.

Für $A,B \subseteq S$ mit $P(A),P(B) > 0$ folgt:

$$P(B|A) = \frac{P(A \cap B)}{P(A)} = \frac{P(A|B)P(B)}{P(A)} \qquad \text{bzw.}$$

$$P(A|B) = \frac{P(B|A)P(A)}{P(B)} .$$

Beispiel 10:

Gegeben seien Ereignisse $A,B \subset S$ mit $P(A) = 0{,}4$, $P(B) = 0{,}8$, $P(A \cap B) = 0{,}3$.

$$P(A|B) = \frac{P(A \cap B)}{P(B)} = \frac{0{,}3}{0{,}8} = 0{,}375 \qquad P(\bar{A}|B) = 1-P(A|B) = 0{,}625$$

$$P(B|A) = \frac{P(A \cap B)}{P(A)} = \frac{0{,}3}{0{,}4} = 0{,}750 \qquad P(\bar{B}|A) = 1-P(B|A) = 0{,}250.$$

Ersetzt man bei sonst gleichen Voraussetzungen $P(B) = 0{,}8$ durch $P(B) = 0{,}6$, so folgt

$$P(A|B) = \frac{0{,}3}{0{,}6} = 0{,}500 \quad ,$$

ersetzt man $P(B) = 0{,}8$ durch $P(B) = 0{,}75$, so folgt

$$P(A|B) = \frac{0{,}3}{0{,}75} = 0{,}400 \;;$$

in beiden Fällen gilt weiter $P(B|A) = 0{,}750$.

Beispiel 10 zeigt, daß $P(A|B) \lesseqgtr P(A)$ möglich ist.

1.5 Stochastisch unabhängige Ereignisse

In Abschnitt I.1.4 wurde ein Beispiel betrachtet, in dem die bedingte Wahrscheinlichkeit $P(A|B)$ gleich $P(A)$ war. Die gewählte Bedingung hatte keinen Einfluß auf die Wahrscheinlichkeit für das Eintreffen des Ereignisses A. Es gilt in diesem

Fall

$$P(A|B) = \frac{P(A \cap B)}{P(B)} = P(A) \ .$$

Hieraus läßt sich eine Definition für die Unabhängigkeit zweier Ereignisse gewinnen.

Gilt für zwei Ereignisse $A,B \subseteq S$ mit $P(A),P(B) > 0$

$$P(A \cap B) = P(A) \cdot P(B) \ ,$$

so heißen A und B stochastisch unabhängig.

Unter Berücksichtigung der Definition der bedingten Wahrscheinlichkeit ergibt sich der folgende Satz:

Zwei Ereignisse A,B sind genau dann stochastisch unabhängig (kurz unabhängig), wenn $P(A|B) = P(A)$ (bzw. $P(B|A) = P(B)$) gilt.

Mit A,B sind auch $A,\bar{B}$ bzw. $\bar{A},B$ bzw. $\bar{A},\bar{B}$ stochastisch unabhängig.

Die zweite Behauptung sei für $\bar{A},B$ gezeigt: Falls $A,B \subseteq S$ stochastisch unabhängig sind, gilt

$$\begin{aligned} P(\bar{A} \cap B) &= P(\bar{A}|B) \cdot P(B) \\ &= (1-P(A|B)) \cdot P(B) \\ &= (1-P(A)) \cdot P(B) \\ &= P(\bar{A}) \cdot P(B) \ , \end{aligned}$$

d.h. $\bar{A}$ und B sind auch stochastisch unabhängig.

Beispiel 11:

Gegeben seien Ereignisse $A,B,C \subseteq S$ mit

$$P(A) = 0{,}4 \qquad P(B) = 0{,}8 \qquad P(C) = 0{,}5$$
$$P(A \cap B) = 0{,}3 \qquad P(A \cap C) = 0{,}2 \qquad P(B|C) = 0{,}6 \ .$$

Es folgt

$$P(A|B) = \frac{P(A \cap B)}{P(B)} = \frac{0{,}3}{0{,}8} = 0{,}375 \neq 0{,}400 = P(A)$$ A,B sind nicht unabhängig.

$$P(A|C) = \frac{P(A \cap C)}{P(C)} = \frac{0{,}2}{0{,}5} = 0{,}400 = P(A)$$ A,C sind unabhängig.

$P(B|C) = 0{,}6 \neq 0{,}8 = P(B)$ B,C sind nicht unabhängig.

Gegeben seien Ereignisse $A,B,C,D \subseteq S$. A und B seien unvereinbar, C und D seien stochastisch unabhängig und

$$P(A) = 0{,}3 \qquad P(B) = 0{,}4 \qquad P(C) = 0{,}5 \qquad P(D) = 0{,}8.$$

Es folgt

$P(A \cap B) = 0 \neq P(A) \cdot P(B)$ A,B sind nicht unabhängig.

$P(C \cap D) = P(C) \cdot P(D) = 0{,}4$ C,D sind nicht unvereinbar.

Gegeben sei ein Ereignis A mit $P(A) \neq 0$.
Es folgt

$P(A \cap \bar{A}) = P(\emptyset) = 0 \neq P(A) \cdot P(\bar{A})$ $A,\bar{A}$ sind nicht unabhängig, $A,\bar{A}$ sind unvereinbar.

Die Begriffe Unabhängigkeit und Unvereinbarkeit von Ereignissen dürfen nicht verwechselt werden. Es gilt vielmehr:

Unvereinbare Ereignisse $A,B \subseteq S$ mit $P(A), P(B) > 0$ sind nicht unabhängig.
Unabhängige Ereignisse $A,B \subseteq S$ mit $P(A), P(B) > 0$ sind nicht unvereinbar.
Die Umkehrung der Sätze gilt nicht allgemein.

1.6 Sätze der Wahrscheinlichkeitsrechnung

Aus dem dritten Axiom von Kolmogoroff und aus der Definition der Unabhängigkeit von Ereignissen folgen für das Vereinigungsereignis und das Durchschnittsereignis von $A,B \subseteq S$:

$$P(A \cup B) = P(A) + P(B) \quad , \text{ falls } A \cap B = \emptyset ,$$
$$P(A \cap B) = P(A) \cdot P(B) \quad , \text{ falls } A,B \text{ unabhängig.}$$

Die folgenden Sätze liefern Aussagen über diese Ereignisse ohne die einschränkenden Nebenbedingungen.
Aus

$$P(A|B) = \begin{cases} \dfrac{P(A \cap B)}{P(B)} & , \text{ falls } P(B) > 0 \\ 0 & , \text{ falls } P(B) = 0 \end{cases}$$

folgt der <u>Multiplikationssatz</u> der Wahrscheinlichkeitsrechnung:

$$P(A \cap B) = P(A|B) \cdot P(B) .$$

Das Vereinigungsereignis $A \cup B$ läßt sich wie folgt umformen:

$$A \cup B = (A \setminus B) \cup B = (A \cap \bar{B}) \cup B .$$

Trivialerweise gilt:

$$(A \cap \bar{B}) \cap B = \emptyset .$$

Es folgt

$$\begin{aligned} P(A \cup B) &= P((A \cap \bar{B}) \cup B) \\ &= P(A \cap \bar{B}) + P(B) \\ &= P(\bar{B}|A) \cdot P(A) + P(B) \\ &= (1 - P(B|A)) \cdot P(A) + P(B) \\ &= P(A) - P(B|A) \cdot P(A) + P(B) \\ &= P(A) - P(A \cap B) + P(B) . \end{aligned}$$

Damit läßt sich der Additionssatz der Wahrscheinlichkeitsrechnung formulieren:

$$P(A \cup B) = P(A) + P(B) - P(A \cap B) .$$

Beispiel 12:

Gegeben seien zwei Ereignisse $A,B \subset S$ mit

$$P(A) = P(A|B) = 0{,}4 \qquad P(B) = 0{,}7 .$$

Aus $P(A) + P(B) = 1{,}1 > 1$ folgt sofort, daß A und B nicht unvereinbar sein können, da sonst $P(A \cup B) > 1$ wäre.

$$P(A \cap B) = P(A|B) \cdot P(B) = 0{,}4 \cdot 0{,}7 = 0{,}28$$

$$P(A \cup B) = P(A) + P(B) - P(A \cap B) = 0{,}4 + 0{,}7 - 0{,}28 = 0{,}82 .$$

Stellen die Ereignisse $A_1, \dots, A_k$ eine vollständige Zerlegung von S mit $P(A_i) > 0$ dar und ist B ein Ereignis aus S, so gilt:

$$B = (B \cap A_1) \cup (B \cap A_2) \cup \dots \cup (B \cap A_k)$$

$$(B \cap A_i) \cap (B \cap A_j) = \emptyset \qquad i,j = 1,\dots,k, \quad i \neq j,$$

$$P(B \cap A_i) = P(B|A_i) \cdot P(A_i) \qquad i = 1,\dots,k.$$

Bei wiederholter Anwendung des Additionssatzes für unvereinbare Ereignisse resultiert:

$$P(B) = \sum_{i=1}^{k} P(B \cap A_i) = \sum_{i=1}^{k} P(B|A_i) \cdot P(A_i) .$$

Diese Darstellung bezeichnet man als den Satz von der totalen Wahrscheinlichkeit.

Geht man wieder von der eben dargestellten Zerlegung von S und von B aus, so kann man nach der (bedingten) Wahrscheinlichkeit von A_i unter der Bedingung B fragen. Man spricht von der Wahrscheinlichkeit a posteriori, da die gesuchte Größe als Wahrscheinlichkeit dafür, daß das Ereignis A_i eingetroffen ist, wenn B realisiert wurde, interpretiert werden kann. Unter Verwendung der Definition der bedingten Wahrscheinlichkeit und des Satzes von der totalen Wahrscheinlichkeit folgt:

$$P(A_i|B) = \frac{P(A_i \cap B)}{P(B)} = \frac{P(B|A_i) \cdot P(A_i)}{\sum_{j=1}^{k} P(B|A_j) \cdot P(A_j)}$$

$i = 1,\ldots,k.$

Diese Beziehung wird Formel von Bayes genannt.

Beispiel 13:

In einer Fabrik werden Glühlampen des Typs A und des Typs B hergestellt. 10% der Glühlampen vom Typ A und 20% der Glühlampen vom Typ B weisen eine Lebensdauer von mehr als 250 Stunden auf. Man nehme an, daß

a) von jedem Typ die gleiche Anzahl von Glühlampen hergestellt wird,
b) von Typ A viermal so viel Glühlampen wie von Typ B hergestellt werden.

Wie groß ist die Wahrscheinlichkeit, bei zufälliger Auswahl eine Glühlampe zu erhalten, die eine Lebensdauer von mehr als 250 Stunden hat?

A_1 Ereignis, Glühlampe Typ A zu ziehen
A_2 Ereignis, Glühlampe Typ B zu ziehen
B Ereignis, Glühlampe mit Lebensdauer über 250 Stunden zu ziehen
$P(B|A_1) = 0{,}1$; $P(B|A_2) = 0{,}2$.

a) $P(A_1) = P(A_2) = 0{,}5$

$$P(B) = \sum_{i=1}^{2} P(B|A_i) \cdot P(A_i) = 0{,}1 \cdot 0{,}5 + 0{,}2 \cdot 0{,}5 = 0{,}15 \text{ ,}$$

b) $P(A_1) = 0{,}8$; $P(A_2) = 0{,}2$

$$P(B) = \sum_{i=1}^{2} P(B|A_i) \cdot P(A_i) = 0{,}1 \cdot 0{,}8 + 0{,}2 \cdot 0{,}2 = 0{,}12 \text{ .}$$

Wie groß ist die Wahrscheinlichkeit, daß eine zufällig ausgewählte Glühlampe, die eine Lebensdauer von mehr als 250 Stunden hat, vom Typ A ist?

a) $P(A_1|B) = \frac{P(B|A_1) \cdot P(A_1)}{P(B)} = \frac{0,1 \cdot 0,5}{0,15} = 0,33$,

b) $P(A_1|B) = \frac{P(B|A_1) \cdot P(A_1)}{P(B)} = \frac{0,1 \cdot 0,8}{0,12} = 0,67$.

Von der oben gestellten Frage unterscheidet sich die Frage nach der Wahrscheinlichkeit, daß eine zufällig ausgewählte Glühlampe eine Lebensdauer von mehr als 250 Stunden hat und vom Typ A ist. Im letzten Fall wird nach der Wahrscheinlichkeit für das Durchschnittsereignis gefragt:

a) $P(B \cap A_1) = P(B|A_1) \cdot P(A_1) = 0,1 \cdot 0,5 = 0,05$,

b) $P(B \cap A_1) = P(B|A_1) \cdot P(A_1) = 0,1 \cdot 0,8 = 0,08$.

Sind $A_1, \ldots, A_k$ und $B_1, \ldots, B_\ell$ zwei vollständige Zerlegungen von S, so bezeichnet man die zweidimensionale Tabelle, die die Wahrscheinlichkeiten $P(A_i \cap B_j)$ $(i = 1, \ldots, k;\ j = 1, \ldots, \ell)$ enthält, als <u>Wahrscheinlichkeitstabelle</u> (vgl. Abb. 7).
Die Zeilensummen bzw. Spaltensummen dieser Tabelle geben die (Rand-) Wahrscheinlichkeiten

$$P(A_i) = \sum_{j=1}^{\ell} P(A_i \cap B_j) \qquad i = 1, \ldots, k \qquad \text{bzw.}$$

$$P(B_j) = \sum_{i=1}^{k} P(A_i \cap B_j) \qquad j = 1, \ldots, \ell \qquad \text{an.}$$

	B_1	B_2	...	B_j	...	B_ℓ	$P(A_i)$
A_1							$P(A_1)$
A_2							$P(A_2)$
.							.
.							.
.							.
A_i				$P(A_i \cap B_j)$			$P(A_i)$
.							.
.							.
.							.
A_k							$P(A_k)$
$P(B_j)$	$P(B_1)$	$P(B_2)$	...	$P(B_j)$	...	$P(B_\ell)$	1

<u>Abb. 7</u>: Wahrscheinlichkeitstabelle

Beispiel 14:

In einer Urne befinden sich 10 Kugeln (5 rote, 3 schwarze und 2 weiße). Von den 10 Kugeln sind 5 aus Gold (3 rote, 2 schwarze), 5 aus Silber. Es soll zufällig eine Kugel gezogen werden.

A_1 sei das Ereignis, eine rote Kugel zu ziehen,
A_2 sei das Ereignis, eine schwarze Kugel zu ziehen,
A_3 sei das Ereignis, eine weiße Kugel zu ziehen,
B_1 sei das Ereignis, eine Kugel aus Gold zu ziehen,
B_2 sei das Ereignis, eine Kugel aus Silber zu ziehen.

Man bestimmte $P(A_i \cap B_j)$ für i = 1,2,3 und j = 1,2.

Wahrscheinlichkeitstabelle

	B_1	B_2	$P(A_i)$
A_1	0,3	0,2	0,5
A_2	0,2	0,1	0,3
A_3	0,0	0,2	0,2
$P(B_j)$	0,5	0,5	1,0

$P(A_1 \cap B_1) = \frac{3}{10} = 0{,}3$; $P(A_2 \cap B_1) = \frac{2}{10} = 0{,}2.$

Sobald im Beispiel die Wahrscheinlichkeiten für zwei Durchschnittsereignisse, die nicht in einer Zeile stehen, bekannt sind, kann bei Vorgabe der Randwahrscheinlichkeiten aufgrund der Beziehungen

$$P(A_i) = \sum_{j=1}^{\ell} P(A_i \cap B_j) \qquad i = 1,2,3 \qquad \text{und}$$

$$P(B_j) = \sum_{i=1}^{k} P(A_i \cap B_j) \qquad j = 1,2$$

die Tabelle sofort vollständig ausgefüllt werden. Allgemein gilt dies, sofern außer den Randwahrscheinlichkeiten $(k-1)\cdot(\ell-1)$ Wahrscheinlichkeiten in einer Wahrscheinlichkeitstabelle bekannt und die zur Bestimmung der $k+\ell-1$ fehlenden Wahrscheinlichkeiten existierenden Gleichungen linear unabhängig sind.

Ziel des Abschnitts I.1: Definition der Wahrscheinlichkeit zufälliger Ereignisse, Regeln für das Rechnen mit Wahrscheinlichkeiten.

Inhalt:

Klassischer Wahrscheinlichkeitsbegriff

$$P(A) = \frac{\text{Anzahl der für A günstigen Fälle}}{\text{Gesamtzahl der gleichmöglichen Fälle}}$$

Statistischer Wahrscheinlichkeitsbegriff

$$P(A) = \lim_{n \to \infty} \frac{n(A)}{n}$$

Axiomatische Definition der Wahrscheinlichkeit für $A, B \subseteq S$

Eine Funktion P, die Ereignissen $A, B \subseteq S$ reelle Zahlen zuordnet, heißt Wahrscheinlichkeit, wenn sie folgenden Axiomen genügt:

Axiom 1: $P(A) \geq 0$
Axiom 2: $P(S) = 1$
Axiom 3: $P(A \cup B) = P(A) + P(B)$, falls $A \cap B = \emptyset$.

Bedingte Wahrscheinlichkeit

$$P(A|B) = \begin{cases} \dfrac{P(A \cap B)}{P(B)} & \text{, falls } P(B) > 0 \\ 0 & \text{, falls } P(B) = 0. \end{cases}$$

$A, B \subseteq S$ mit $P(A), P(B) > 0$ heißen stochastisch unabhängig, falls $P(A \cap B) = P(A) \cdot P(B)$.

Folgerungen

$P(\bar{A}) = 1 - P(A)$

$0 \leq P(A) \leq 1$

$P(\emptyset) = 0$

$P(A) \leq P(B)$, falls $A \subseteq B$.

Multiplikationssatz

$$P(A \cap B) = P(A|B) \cdot P(B)$$

Additionssatz

$$P(A \cup B) = P(A) + P(B) - P(A \cap B)$$

Satz von der totalen Wahrscheinlichkeit

$$P(B) = \sum_{i=1}^{k} P(B|A_i) \cdot P(A_i),$$ falls $A_1,\ldots,A_k$ eine vollständige Zerlegung von S darstellen.

Formel von Bayes

$$P(A_i|B) = \frac{P(B|A_i) \cdot P(A_i)}{\sum_{j=1}^{k} P(B|A_j) \cdot P(A_j)} \qquad i = 1,\ldots,k,$$

falls $A_1,\ldots,A_k$ eine vollständige Zerlegung von S darstellen.

2 WAHRSCHEINLICHKEITSVERTEILUNG VON ZUFALLSVARIABLEN

2.1 Zufallsvariablen

Eine Funktion X, die bei gegebener Ergebnismenge S jedem Element von S eine reelle Zahl x zuordnet, heißt (eindimensionale) Zufallsvariable X:

$$X(e) = x \qquad e \in S, \quad x \in \mathbb{R}.$$

x bezeichnet man als Wert oder Realisation der Zufallsvariablen X. W_X gibt den Wertebereich der Zufallsvariablen X an.

Beispiel 15: Werfen einer Münze
$S = \{Wappen, Zahl\}$
$X(Wappen) = 1$
$X(Zahl) = 0$
$W_X = \{0,1\}$

Zu derselben Ergebnismenge S kann man verschiedene Zufallsvariablen definieren.

Beispiel 16: Werfen einer Münze
$S = \{Wappen, Zahl\}$
$X_1(Wappen) = 1$
$X_1(Zahl) = 0$
$W_{X_1} = \{0,1\}$
$X_2(Wappen) = 9$
$X_2(Zahl) = 27$
$W_{X_2} = \{9,27\}$
X_1 und X_2 sind Zufallsvariablen.

Die Definition von Zufallsvariablen kann einerseits die Darstellung von Wahrscheinlichkeiten für Ereignisse vereinfachen, andererseits ermöglicht sie im Einzelfall erst die Berechnung weiterer den Ereignisraum charakterisierender Größen.

Falls die Ergebnisse eines Zufallsexperiments bereits reelle Zahlen sind, können diese Ergebnisse als Realisation einer Zufallsvariablen X (der identischen Abbildung) aufgefaßt werden.

Beispiel 17: Werfen eines Würfels

$e_i = i$ (Punktzahl), $i = 1,\dots,6$

$S = \{1,2,3,4,5,6\}$

$X_1(i) = i$ für $i = 1,\dots,6$

$W_{X_1} = S$,

aber es ist z.B. auch

$X_2(i) = \begin{cases} 1 & \text{für } i = 1,3,5 \\ 0 & \text{für } i = 2,4,6 \end{cases}$

$W_{X_2} = \{0,1\}$ oder

$X_3(i) = \begin{cases} 4 & \text{für } i = 1,2 \\ 7 & \text{für } i = 3,4,5,6 \end{cases}$

$W_{X_3} = \{4,7\}$ möglich.

Man unterscheidet diskrete und kontinuierliche Zufallsvariablen. Diskrete Zufallsvariablen sind solche, deren Wertebereich endlich oder abzählbar unendlich viele Werte enthält; der Wertebereich von kontinuierlichen Zufallsvariablen enthält überabzählbar viele Werte (innerhalb eines Intervalls sind alle Werte möglich).

Beispiel 18: Diskrete Zufallsvariable: Werfen eines Würfels

$S = \{1,2,3,4,5,6\}$

$X(i) = i^2$, $i = 1,\dots,6$

$W_X = \{1,4,9,16,25,36\}$

Kontinuierliche Zufallsvariable: Brenndauer einer Glühlampe (max. 1000 Stunden)

Wertebereich der Zufallsvariablen X, die jeder Glühlampe ihre Brenndauer zuordnet, ist

$W_X = [0,1000]$ (Stunden)

$A = \{e \in S \mid X(e) = a\}$ ist die Menge aller Ergebnisse eines gegebenen Zufallsexperiments, denen durch die Zufallsvariable X der Wert $a \in \mathbb{R}$ zugeordnet wird. A ist damit ein Ereignis.

Beispiel 19: Werfen eines Würfels

$S = \{1,2,3,4,5,6\}$

$$X(i) = \begin{cases} 0, & \text{für } i = 1,3,5 \\ 1, & \text{für } i = 2,4,6 \end{cases}$$

$W_X = \{0,1\}$

$\{e \in S \mid X(e) = 0\} = \{1,3,5\}$

$\{e \in S \mid X(e) = 1\} = \{2,4,6\}$

Auch die folgenden Mengen stellen Ereignisse dar, für die ggf. Wahrscheinlichkeiten berechnet werden können ($a,b \in \mathbb{R}$):

$\{e \in S \mid X(e) \geqq a\}$

$\{e \in S \mid a \leqq X(e) \leqq b\}$

$\{e \in S \mid X(e) \leqq b\}$.

Die Gleichheitszeichen können in diesen Beziehungen auch entfallen. Es entstehen neue Ereignisse.

Für die oben dargelegten Ereignisse schreibt man häufig kurz:

$\{X \geqq a\}$

$\{a \leqq X \leqq b\}$

$\{X \leqq b\}$.

Beispiel 20: Werfen eines Würfels

$S = \{1,2,3,4,5,6\}$

$X(i) = i \quad$ für $i = 1,\ldots,6$

$\{e \in S \mid X(e) \geqq 3\} = \{X \geqq 3\} = \{3,4,5,6\}$

$\{e \in S \mid X(e) > 3\} = \{X > 3\} = \{4,5,6\}$

$\{e \in S \mid 2 \leqq X(e) \leqq 4\} = \{2 \leqq X \leqq 4\} = \{2,3,4\}$

$\{e \in S \mid 1 < X(e) < 5\} = \{1 < X < 5\} = \{2,3,4\}$

Wahrscheinlichkeiten sind nur für Ereignisse definiert. Die Frage nach der Wahrscheinlichkeit, daß die Zufallsvariable X den Wert a annimmt, ist zurückzuführen auf die Frage nach der Wahrscheinlichkeit für das Eintreten des Ereignisses $\{e \in S \mid X(e) = a\}$: $P(\{e \in S \mid X(e) = a\})$. Dafür schreibt man kurz: $P(X = a)$.

Für die anderen oben dargelegten Fälle gilt die entsprechende

Darstellung:

$$P(X \geq a) = P(\{e \in S | X(e) \geq a\})$$
$$P(X \leq b) = P(\{e \in S | X(e) \leq b\})$$
$$P(a \leq X \leq b) = P(\{e \in S | a \leq X(e) \leq b\}).$$

<u>Beispiel 21</u>: Werfen eines Würfels

$S = \{1,2,3,4,5,6\}$

$X(i) = i \quad \text{für } i = 1,\dots,6$

$P(X > 3) = P(\{4,5,6\}) = \frac{1}{2}$

$X(i) = \begin{cases} 0 & \text{für } i = 1,3,5 \\ 1 & \text{für } i = 2,4,6 \end{cases}$

$P(X=0) = P(\{1,3,5\}) = \frac{1}{2}$

$X(i) = \begin{cases} 0 & \text{für } i = 1,2,3,5 \\ 1 & \text{für } i = 4,6 \end{cases}$

$P(X=0) = P(\{1,2,3,5\}) = \frac{2}{3}$

Jede stetige <u>Funktion einer Zufallsvariablen X</u>, die über dem Wertebereich W_X definiert ist, ist wieder eine Zufallsvariable.

<u>Beispiel 22</u>: Werfen eines Würfels

$S = \{1,2,3,4,5,6\}$

$X(i) = \begin{cases} 0 & \text{für } i = 1,2 \\ -1 & \text{für } i = 3,4,6 \\ 2 & \text{für } i = 5 \end{cases}$

$W_X = \{-1,0,2\}$

$g(X) = X^2$

$= \begin{cases} 0 & \text{für } X = 0 \ (\text{bzw. } i = 1,2) \\ 1 & \text{für } X = -1 \ (\text{bzw. } i = 3,4,6) \\ 4 & \text{für } X = 2 \ (\text{bzw. } i = 5) \end{cases}$

$W_{g(X)} = \{0,1,4\}$

2.2 Wahrscheinlichkeitsverteilung einer Zufallsvariablen X

2.2.1 Verteilungsfunktion von X

Sei X eine Zufallsvariable, dann nennt man die Funktion

$$F(x) = P(X \leq x) = P(\{e \in S \mid X(e) \leq x\}) \qquad x \in \mathbb{R}$$

<u>Verteilungsfunktion</u> der Zufallsvariablen X.

Sie gibt die Wahrscheinlichkeit dafür an, daß die Zufallsvariable X einen Wert kleiner oder gleich x annimmt. Für ausgewählte reelle Zahlen sind diese Wahrscheinlichkeiten bereits in Abschnitt I.2.1 eingeführt worden. Die Verteilungsfunktion definiert diese Wahrscheinlichkeiten über dem gesamten Bereich der reellen Zahlen.

<u>Beispiel 23</u>: Werfen eines Würfels

$$S = \{1,2,3,4,5,6\}$$

$$X(i) = \begin{cases} 0 & \text{für } i = 1,2 \\ 1 & \text{für } i = 4,5,6 \\ 2 & \text{für } i = 3 \end{cases}$$

Für $x < 0$ gilt:

$$\begin{aligned} F(x) &= P(X \leq x) \\ &= P(\{e \in S \mid X(e) < 0\}) \\ &= P(\emptyset) \\ &= 0 \end{aligned}$$

Für $0 \leq x < 1$ gilt:

$$\begin{aligned} F(x) &= P(X \leq x) \\ &= P(\{e \in S \mid X(e) < 1\}) \\ &= P(\{1,2\}) \\ &= \frac{1}{3} \end{aligned}$$

Für $1 \leq x < 2$ gilt:

$$\begin{aligned} F(x) &= P(X \leq x) \\ &= P(\{e \in S \mid X(e) < 2\}) \\ &= P(\{1,2,4,5,6\}) \\ &= \frac{5}{6} \end{aligned}$$

Für $x \geq 2$ gilt:

$$\begin{aligned} F(x) &= P(X \leq x) \\ &= P(\{e \in S \mid X(e) \leq 2\}) \\ &= P(\{1,2,3,4,5,6\}) \\ &= 1 \end{aligned}$$

Es folgt:

$$F(x) = \begin{cases} 0 & \text{für } x < 0 \\ \frac{1}{3} & \text{für } 0 \leqq x < 1 \\ \frac{5}{6} & \text{für } 1 \leqq x < 2 \\ 1 & \text{für } x \geqq 2 \end{cases}$$

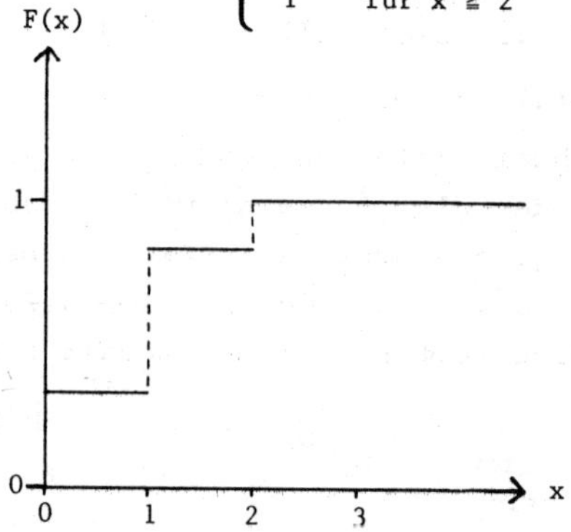

Abb. 8: Verteilungsfunktion zu Beispiel 23

Für jede Verteilungsfunktion F(x) gilt:

$$0 \leqq F(x) \leqq 1 \qquad x \in \mathbb{R}$$

$$\lim_{x \to \infty} F(x) = 1$$

$$\lim_{x \to -\infty} F(x) = 0$$

$$F(x_1) \leqq F(x_2), \quad \text{falls } x_1 < x_2,$$
d.h. F(x) ist monoton steigend.

$$\lim_{\varepsilon \to 0} F(x+\varepsilon) = F(x) \quad \text{für } \varepsilon > 0,$$
d.h. F(x) ist rechtsseitig stetig.

Jede Funktion, deren Definitionsbereich die reellen Zahlen sind und deren Wertebereich das Intervall [0,1] ist, läßt sich als Verteilungsfunktion einer Zufallsvariablen auffassen, sofern die Funktion die oben dargelegten Eigenschaften besitzt.

Beispiel 24:

$F(x) = x^2$, $x \in \mathbb{R}$, ist keine Verteilungsfunktion, da $F(x) > 1$ sein kann. $F(x)$ ist auch nicht monoton steigend.

$$F(x) = \begin{cases} 0 & \text{für } x < 0 \\ x^2 & \text{für } 0 \leq x \leq 1 \\ 1 & \text{für } x > 1 \end{cases}$$

kann dagegen offenbar als Verteilungsfunktion interpretiert werden.

Die Verteilungsfunktion einer diskreten Zufallsvariablen stellt eine Treppenfunktion dar (vgl. Abschnitt I.2.2.2). Falls die Verteilungsfunktion einer kontinuierlichen Zufallsvariablen stetig ist, spricht man von einer stetigen Zufallsvariablen.

Es ist sinnvoll, diskrete und stetige Zufallsvariablen im folgenden weitgehend getrennt zu behandeln.

2.2.2 Wahrscheinlichkeitsfunktion einer diskreten Zufallsvariablen X

Sei X eine diskrete Zufallsvariable mit $W_X = \{x_1, x_2, \ldots\}$, dann nennt man die über den reellen Zahlen definierte Funktion

$$f(x) = \begin{cases} P(X = x) & \text{für } x = x_1, x_2, \ldots \\ 0 & \text{für } x \notin W_X \end{cases}$$

Wahrscheinlichkeits- oder Wahrscheinlichkeitsmassefunktion von X.

Es gilt:

$$F(x) = P(X \leq x) = \sum_{\substack{i \text{ mit} \\ x_i \leq x}} f(x_i) \qquad \text{für } x \in \mathbb{R}$$

$$\sum_i f(x_i) = 1$$

$$P(X \leq b) = \sum_{\substack{i \text{ mit} \\ x_i \leq b}} f(x_i) = F(b)$$

$$P(X < b) = \sum_{\substack{i \text{ mit} \\ x_i < b}} f(x_i)$$

$$P(X \geqq a) = 1 - P(X < a)$$
$$= 1 - \sum_{\substack{i \text{ mit} \\ x_i < a}} f(x_i)$$

$$P(X > a) = 1 - P(X \leqq a)$$
$$= 1 - \sum_{\substack{i \text{ mit} \\ x_i \leqq a}} f(x_i)$$
$$= 1 - F(a)$$

$$P(a \leqq X \leqq b) = P(X \leqq b) - P(X < a)$$
$$= \sum_{\substack{i \text{ mit} \\ x_i \leqq b}} f(x_i) - \sum_{\substack{i \text{ mit} \\ x_i < a}} f(x_i)$$
$$= \sum_{\substack{i \text{ mit} \\ a \leqq x_i \leqq b}} f(x_i)$$

$$P(a < X \leqq b) = P(X \leqq b) - P(X \leqq a)$$
$$= F(b) - F(a)$$
$$= \sum_{\substack{i \text{ mit} \\ a < x_i \leqq b}} f(x_i)$$

$$P(a \leqq X < b) = P(X < b) - P(X < a)$$
$$= \sum_{\substack{i \text{ mit} \\ a \leqq x_i < b}} f(x_i)$$

$$P(a < X < b) = P(X < b) - P(X \leqq a)$$
$$= \sum_{\substack{i \text{ mit} \\ a < x_i < b}} f(x_i) \quad .$$

Der dargestellte Zusammenhang zwischen der Wahrscheinlichkeits- und der Verteilungsfunktion einer (diskreten) Zufallsvariablen X zeigt, daß F(x) eine Treppenfunktion mit abzählbar vielen Sprungstellen x_i $(i = 1, 2, \ldots)$ ist.

Beispiel 25:

In einer Lostrommel sind 100 Lose. Auf jedem Los ist eine Zahl vermerkt, die angibt, wieviel DM die Person, die dieses Los gezogen hat, gewinnt. 75 Lose tragen die Zahl 0, 20 Lose die Zahl 1, 4 Lose die Zahl 5, 1 Los die Zahl 20.
Es werde einmal gezogen. Die Zufallsvariable X soll den gewonnenen Betrag in DM angeben. Man bestimme die Wahrscheinlichkeits- sowie die Verteilungsfunktion von X.

$$W_X = \{0,1,5,20\}$$

$$f(x) = \begin{cases} 0{,}75 & \text{für } x = 0 \\ 0{,}20 & \text{für } x = 1 \\ 0{,}04 & \text{für } x = 5 \\ 0{,}01 & \text{für } x = 20 \\ 0 & \text{für } x \notin W_X \end{cases}$$

$$F(x) = \begin{cases} 0 & \text{für } x < 0 \\ 0{,}75 & \text{für } 0 \leq x < 1 \\ 0{,}95 & \text{für } 1 \leq x < 5 \\ 0{,}99 & \text{für } 5 \leq x < 20 \\ 1 & \text{für } x \geq 20 \end{cases}$$

Wie groß sind die folgenden Wahrscheinlichkeiten: $P(X < 3)$, $P(X \leq 3)$, $P(0 < X \leq 100)$, $P(X > 0)$?

$$P(X < 3) = \sum_{\substack{i \text{ mit} \\ x_i < 3}} f(x_i) = f(0) + f(1) = 0{,}75 + 0{,}20 = 0{,}95$$

$$P(X \leq 3) = \sum_{\substack{i \text{ mit} \\ x_i \leq 3}} f(x_i) = f(0) + f(1) = 0{,}95 \quad \text{bzw.}$$

$$P(X \leq 3) = F(3) = 0{,}95$$

$$P(0 < X \leq 100) = F(100) - F(0) = 1 - 0{,}75 = 0{,}25$$

$$P(X > 0) = 1 - P(X \leq 0) = 1 - 0{,}75 = 0{,}25 .$$

2.2.3 Dichtefunktion einer stetigen Zufallsvariablen X

Sei X eine stetige Zufallsvariable mit differenzierbarer Verteilungsfunktion F(x), dann nennt man

$$f(x) = \frac{dF(x)}{dx} = F'(x) \qquad x \in \mathbb{R}$$

Wahrscheinlichkeitsdichte- oder Dichtefunktion von X.

Es gilt:

$$F(x) = P(X \leq x) = \int_{-\infty}^{x} f(t)\,dt \qquad x \in \mathbb{R}$$

$$\int_{-\infty}^{\infty} f(x)\,dx = 1$$

$$f(x) \geq 0 \qquad x \in \mathbb{R}\,;$$

$$\begin{aligned} P(a < X \leq b) &= P(X \leq b) - P(X \leq a) \\ &= \int_{-\infty}^{b} f(x)\,dx - \int_{-\infty}^{a} f(x)\,dx \\ &= \int_{a}^{b} f(x)\,dx \\ &= F(b) - F(a). \end{aligned}$$

Hieraus folgt insbesondere mit

$$\lim_{a \to b} P(a < X \leq b) = \lim_{a \to b} \int_{a}^{b} f(x)\,dx \qquad \text{und}$$

$$\lim_{a \to b} P(a < X \leq b) = P(X = b) \qquad \text{sowie}$$

$$\lim_{a \to b} \int_{a}^{b} f(x)\,dx = 0$$

$$P(X = b) = 0 \qquad b \in \mathbb{R}\,.$$

Die Wahrscheinlichkeit, daß die (stetige) Zufallsvariable X einen gegebenen Wert annimmt, ist Null. Dichten sind nicht als Wahrscheinlichkeiten interpretierbar.

Stellt man die Dichtefunktion einer Zufallsvariablen X graphisch in einem kartesischen Koordinatensystem dar, so mißt die Verteilungsfunktion F(x) die Fläche zwischen Dichtefunktion und Abszisse im Intervall von $-\infty$ bis x.

Es gilt weiter:

$$P(X < b) = P(X \leq b) = \int_{-\infty}^{b} f(x)\,dx = F(b)$$

$$\begin{aligned} P(X \geq a) &= P(X > a) = 1 - P(X \leq a) = 1 - \int_{-\infty}^{a} f(x)\,dx \\ &= 1 - F(a) \end{aligned}$$

$$\begin{aligned} P(a \leq X \leq b) &= P(a < X \leq b) = P(a \leq X < b) = P(a < X < b) \\ &= \int_{a}^{b} f(x)\,dx = F(b) - F(a)\,. \end{aligned}$$

Beispiel 26:

Eine stetige Zufallsvariable habe die Verteilungsfunktion

$$F(x) = \begin{cases} 0 & \text{für } x < 0 \\ 0{,}5\,x & \text{für } 0 \leq x \leq 2 \\ 1 & \text{für } x > 2 \end{cases} .$$

Man bestimme die Dichtefunktion und stelle Verteilungsfunktion und Dichtefunktion graphisch dar.

$$f(x) = \begin{cases} 0{,}5 & \text{für } 0 \leq x \leq 2 \\ 0 & \text{für } x \text{ sonst} \end{cases} .$$

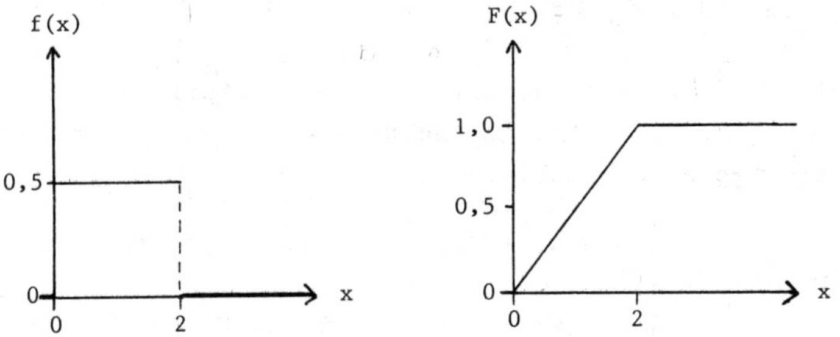

Abb. 9: Dichtefunktion und Verteilungsfunktion zu Beispiel 26

Wie groß sind die folgenden Wahrscheinlichkeiten: $P(X > 0{,}5)$, $P(X \leq 1{,}4)$, $P(0 \leq X \leq 1{,}5)$, $P(-2 \leq X \leq 1)$?

$$\begin{aligned} P(X > 0{,}5) &= 1 - P(X \leq 0{,}5) \\ &= 1 - F(0{,}5) \\ &= 1 - 0{,}25 \\ &= 0{,}75 \end{aligned}$$

$$\begin{aligned} P(X \leq 1{,}4) &= F(1{,}4) \\ &= 0{,}70 \end{aligned}$$

$$\begin{aligned} P(0 \leq X \leq 1{,}5) &= F(1{,}5) - F(0) \\ &= 0{,}75 - 0 \\ &= 0{,}75 \end{aligned}$$

$$\begin{aligned} P(-2 \leq X \leq 1) &= F(1) - F(-2) \\ &= 0{,}5 - 0 \\ &= 0{,}5 \end{aligned}$$

2.3 Funktionalparameter einer Zufallsvariablen X mit der Verteilungsfunktion F(x)

Jede Vorschrift, die einer Verteilungsfunktion F(x) genau eine reelle Zahl zuordnet, nennt man Funktional von F(x). Der zugeordnete Wert heißt Funktionalparameter von F(x).

Im folgenden werden zwei Funktionalparameter (Mittelwert und Varianz) im Vordergrund stehen, die zur Charakterisierung von Verteilungen herangezogen werden. Dabei wird grundsätzlich vorausgesetzt, daß alle auftretenden Summen und Integrale endlich sind.

Es sei X eine Zufallsvariable mit der Verteilungsfunktion F(x) und g(X) eine stetige Funktion von X. Dann ist auch g(X) eine Zufallsvariable.

$$E\{g(X)\} = \begin{cases} \sum_i g(x_i)\cdot f(x_i)\ , & \text{falls X diskret} \\ \int_{-\infty}^{\infty} g(x)\cdot f(x)\,dx\ , & \text{falls X stetig} \end{cases}$$

nennt man Erwartungswert von g(X).

Für g(X) = X erhält man

$$E\{X\} = \begin{cases} \sum_i x_i f(x_i)\ , & \text{falls X diskret} \\ \int_{-\infty}^{\infty} xf(x)\,dx\ , & \text{falls X stetig}\ . \end{cases}$$

E{X} ist der Mittelwert (Erwartungswert) der Zufallsvariablen X. Man bezeichnet E{X} auch mit μ_X.

Es gilt für $a,b \in \mathbb{R}$

$$E\{a\} = a$$
$$E\{aX+b\} = a\cdot E\{X\}+b$$
$$E\{a\cdot g(X)+b\cdot h(X)\} = a\cdot E\{g(X)\}+b\cdot E\{h(X)\}$$

(h(X) stetige Funktion von X).

Beispiel 27: Diskrete Zufallsvariable (vgl. Beispiel 25):

Man bestimme den Erwartungswert von X.

$$f(x) = \begin{cases} 0{,}75 & \text{für } x = 0 \\ 0{,}20 & \text{für } x = 1 \\ 0{,}04 & \text{für } x = 5 \\ 0{,}01 & \text{für } x = 20 \\ 0 & \text{für } x \notin W_X \end{cases}$$

$$E\{X\} = 0\cdot 0{,}75 + 1\cdot 0{,}20 + 5\cdot 0{,}04 + 20\cdot 0{,}01 = 0{,}6.$$

Der Mittelwert kann in diesem Fall wie folgt interpretiert werden. Falls alle Lose gezogen werden, beträgt der Gewinn pro Los 0,60 DM. Oder: Falls wiederholt ein Los gezogen wird, kann man einen durchschnittlichen Gewinn pro Los von 0,60 DM erwarten.

X stetige Zufallsvariable (vgl. Beispiel 26):

$$f(x) = \begin{cases} 0{,}5 & \text{für } 0 \leq x \leq 2 \\ 0 & \text{für } x \text{ sonst} \end{cases}$$

$$\begin{aligned} E\{X\} &= \int_{-\infty}^{\infty} x\cdot f(x)\,dx \\ &= \int_{-\infty}^{0} x\cdot 0\,dx + \int_{0}^{2} x\cdot 0{,}5\,dx + \int_{2}^{\infty} x\cdot 0\,dx \\ &= 0 + [0{,}25x^2]_0^2 + 0 \\ &= 0{,}25\cdot 4 - 0 \\ &= 1 \end{aligned}$$

Während μ_X den Mittelwert der Zufallsvariablen X angibt, erhält man durch den folgenden Funktionalparameter ein Maß für die Streuung der Zufallsvariablen um den Mittelwert:

Setzt man $g(X) = (X-\mu_X)^2$ und berechnet den Erwartungswert von $g(X)$, so folgt

$$E\{g(X)\} = E\{(X-\mu_X)^2\} = \begin{cases} \sum_i (x_i-\mu_X)^2 f(x_i), & \text{falls X diskret} \\ \int_{-\infty}^{\infty} (x-\mu_X)^2 f(x)\,dx, & \text{falls X stetig}\ . \end{cases}$$

$E\{(X-\mu_X)^2\}$ nennt man auch Varianz von X und schreibt dafür $V\{X\}$ oder σ_X^2.

Durch einfache Umformungen ergibt sich

$$\sigma_X^2 = V\{X\} = E\{(X-\mu_X)^2\} = \begin{cases} \sum_i x_i^2 f(x_i) - \mu_X^2 , & \text{falls X diskret} \\ \int_{-\infty}^{\infty} x^2 f(x)\,dx - \mu_X^2 , & \text{falls X stetig.} \end{cases}$$

Es gilt für $a,b \in \mathbb{R}$:

$$V\{a\} = 0$$
$$V\{aX+b\} = a^2\, V\{X\} = a^2 \sigma_X^2$$
$$V\{X\} = E\{X^2\} - (E\{X\})^2 .$$

Beispiel 28: Diskrete Zufallsvariable (vgl. Beispiel 25):

$$f(x) = \begin{cases} 0{,}75 & \text{für } x = 0 \\ 0{,}20 & \text{für } x = 1 \\ 0{,}04 & \text{für } x = 5 \\ 0{,}01 & \text{für } x = 20 \\ 0 & \text{für } x \notin W_X \end{cases}$$

$$\mu_X = E\{X\} = 0{,}6$$
$$V\{X\} = \sum_{i=1}^{4} x_i^2 f(x_i) - \mu_X^2$$
$$= 0\cdot 0{,}75 + 1\cdot 0{,}20 + 25\cdot 0{,}04 + 400\cdot 0{,}01 - 0{,}6^2$$
$$= 4{,}84$$

Stetige Zufallsvariable (vgl. Beispiel 26):

$$f(x) = \begin{cases} 0{,}5 & \text{für } 0 \leq x \leq 2 \\ 0 & \text{für x sonst} \end{cases}$$

$$V\{X\} = \int_{-\infty}^{\infty} x^2 f(x)\,dx - \mu_X^2$$
$$= \int_0^2 x^2\cdot 0{,}5\,dx - 1^2$$
$$= [\tfrac{x^3}{6}]_0^2 - 1$$
$$= 1{,}33 - 1$$
$$= 0{,}33 .$$

Die positive Quadratwurzel aus der Varianz von X nennt man <u>Standardabweichung</u> von X:

$$\sigma_X = \sqrt{V\{X\}} .$$

μ_X, σ_X haben dieselbe Dimension wie X.

Eine Zufallsvariable X sowie ihre Verteilung F(x) heißen standardisiert, falls $E\{X\} = 0$ und $V\{X\} = 1$ ist.

Sei X eine Zufallsvariable mit $\mu_X = E\{X\}$ und $\sigma_X^2 = V\{X\} > 0$. Dann ist

$$g(X) = \frac{X-\mu_X}{\sigma_X}$$

eine standardisierte Zufallsvariable, da

$$\begin{aligned} E\{g(X)\} &= E\{\frac{X-\mu_X}{\sigma_X}\} \\ &= E\{\frac{X}{\sigma_X}\} + E\{-\frac{\mu_X}{\sigma_X}\} \\ &= \frac{1}{\sigma_X} E\{X\} - \frac{\mu_X}{\sigma_X} \\ &= \frac{\mu_X}{\sigma_X} - \frac{\mu_X}{\sigma_X} \\ &= 0 \end{aligned}$$

und

$$\begin{aligned} V\{g(X)\} &= V\{\frac{X-\mu_X}{\sigma_X}\} \\ &= V\{\frac{X}{\sigma_X}\} + V\{-\frac{\mu_X}{\sigma_X}\} \\ &= (\frac{1}{\sigma_X})^2 V\{X\} - 0 \\ &= \frac{\sigma_X^2}{\sigma_X^2} \\ &= 1 \end{aligned}$$

gilt.

Als p-Quantil einer Zufallsvariablen X mit der Verteilungsfunktion F(x) bezeichnet man bei einer diskreten Zufallsvariablen den Wert oder die Werte x_p, für die

$$F(x_p) = P(X \leqq x_p) \geqq p \text{ und } P(X \geqq x_p) \geqq 1-p \qquad 0 < p < 1$$

gilt, bei einer stetigen Zufallsvariablen den Wert x_p, für den

$$F(x_p) = P(X \leq x_p) = p \qquad \text{ist.}$$

Während mit Hilfe der Verteilungsfunktion F(x) zu gegebenem x die Wahrscheinlichkeit berechnet wird, daß die Zufallsvariable X einen Wert kleiner oder gleich x annimmt, geht man beim Quantil von der umgekehrten Fragestellung aus. Gesucht ist ein Wert x_p, der von der Zufallsvariablen X mit einer vorgegebenen Wahrscheinlichkeit p erreicht oder unterschritten wird (vgl. Abb. 10).

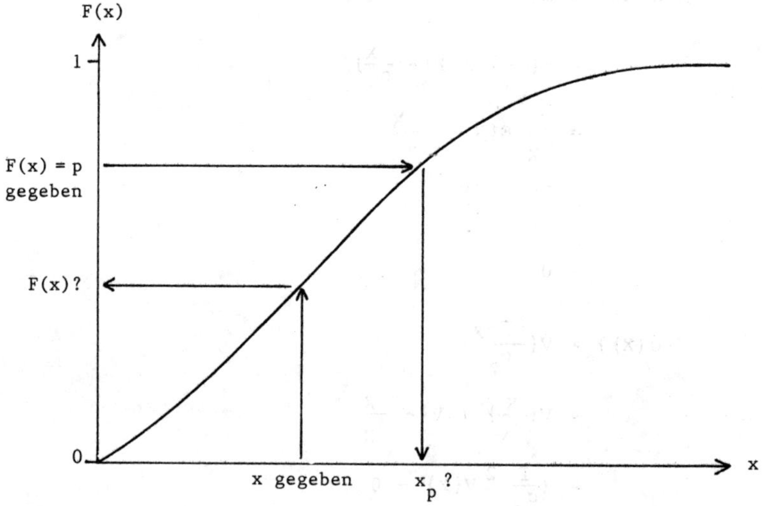

Abb. 10: Verteilungsfunktion und p-Quantil einer stetigen Zufallsvariablen

$x_{0,5}$ bezeichnet man als Median oder Zentralwert.

Beispiel 29: Diskrete Zufallsvariable (vgl. Beispiel 25):

$$F(x) = \begin{cases} 0 & \text{für } x < 0 \\ 0{,}75 & \text{für } 0 \leq x < 1 \\ 0{,}95 & \text{für } 1 \leq x < 5 \\ 0{,}99 & \text{für } 5 \leq x < 20 \\ 1 & \text{für } x \geq 20 \end{cases}$$

$x_{0,5} = 0$, da $P(X \leq 0) = 0{,}75 \geq 0{,}5$ und

$P(X \geq 0) = 1 - P(X < 0) = 1 - 0 = 1 \geq 1 - 0{,}5 = 0{,}5;$

$x_{0,75} = 0$, da $P(X \leq 0) = 0,75 \geq 0,75$ und
$P(X \geq 0) = 1 - P(X < 0) = 1 - 0 = 1 \geq 1 - 0,75 = 0,25$

(aber z.B. auch $x_{0,75} = 0,5$; $x_{0,75}$ beliebiger Wert aus [0,1]; falls - wie in diesem Fall - alle Werte von x innerhalb eines Intervalls als p-Quantil Verwendung finden können, wählt man häufig, um Eindeutigkeit zu erreichen, die Intervallmitte als Wert für das gesuchte p-Quantil).

$x_{0,9} = 1$, da $P(X \leq 1) = 0,95 \geq 0,9$ und
$P(X \geq 1) = 1 - P(X < 1) = 1 - 0,75 = 0,25 \geq 1 - 0,9 = 0,1$.

Stetige Zufallsvariable (vgl. Beispiel 26):

$$F(x) = \begin{cases} 0 & \text{für } x < 0 \\ 0,5\,x & \text{für } 0 \leq x \leq 2 \\ 1 & \text{für } x > 2 \end{cases}$$

$x_{0,5} = 1$, da $P(X \leq 1) = 0,5$
$x_{0,75} = 1,5$, da $P(X \leq 1,5) = 0,75$
$x_{0,9} = 1,8$, da $P(X \leq 1,8) = 0,9$.

Eine Verteilung heißt symmetrisch um den Punkt a, $a \in \mathbb{R}$, falls bei diskreten Zufallsvariablen für die Wahrscheinlichkeitsfunktion f(x) bzw. bei stetigen Zufallsvariablen für die Dichtefunktion f(x) für alle $x \in \mathbb{R}$

$$f(a+x) = f(a-x) \qquad \text{gilt.}$$

Bei symmetrischen Verteilungen stimmen Mittelwert und Median überein.

Beispiel 30: Vgl. Beispiel 26.

$$f(x) = \begin{cases} 0,5 & \text{für } 0 \leq x \leq 2 \\ 0 & \text{für } x \text{ sonst .} \end{cases}$$

Es folgt

$$f(1+x) = f(1-x) = \begin{cases} 0,5 & \text{für } -1 \leq x \leq 1 \\ 0 & \text{für } x \text{ sonst .} \end{cases}$$

Die Verteilung ist symmetrisch um a = 1, da f(1+x) = f(1-x) für alle $x \in \mathbb{R}$ gilt.

Ergänzung: Als Anfangsmoment r-ter Ordnung (μ_r') der Zufallsvariablen X bezeichnet man den Erwartungswert von $E\{X^r\}$ ($r \in \mathbb{N}$):

$$\mu'_r = E\{X^r\} \quad ,$$

als zentrales Moment r-ter Ordnung (μ_r) der Zufallsvariablen X den Erwartungswert von $E\{(X-\mu_X)^r\}$ $(r \in \mathbb{N})$:

$$\mu_r = E\{(X-\mu_X)^r\} \ .$$

Der Funktionalparameter μ_X ist gleich dem Anfangsmoment 1. Ordnung, die Varianz σ_X^2 gleich dem zentralen Moment 2. Ordnung:

$$\mu_X = \mu'_1 \ , \quad \sigma_X^2 = \mu_2 \ .$$

Eine Verteilung ist durch alle Momente eineindeutig charakterisiert.

2.4 Erwartungswert und Varianz von Summen von Zufallsvariablen

Sei $X_1,\ldots,X_n$ eine endliche Folge von Zufallsvariablen mit $E\{X_i\} = \mu_{X_i}$ $(i = 1,\ldots,n)$. Dann ist auch $Y_n = \sum_{i=1}^{n} a_i X_i$ $(a_i \in \mathbb{R},$ $i = 1,\ldots,n)$ eine Zufallsvariable.

Unter Verwendung der Definition des Erwartungswertes einer Zufallsvariablen folgt für den Erwartungswert von Y_n:

$$E\{Y_n\} = E\{\sum_{i=1}^{n} a_i X_i\} = \sum_{i=1}^{n} a_i \, E\{X_i\} = \sum_{i=1}^{n} a_i \mu_{X_i} \ .$$

Der Erwartungswert einer gewogenen Summe von Zufallsvariablen ist gleich der gewogenen Summe der Erwartungswerte der Zufallsvariablen.

Beispiel 31:

Seien X_1, X_2, X_3 Zufallsvariablen mit $E\{X_1\} = 5$, $E\{X_2\} = -3$, $E\{X_3\} = 100$ sowie $a_1 = 10$, $a_2 = 9$, $a_3 = -0{,}1$.

Man berechne $E\{Y_n\} = E\{\sum_{i=1}^{3} a_i X_i\}$.

$$\begin{aligned} E\{\sum_{i=1}^{3} a_i X_i\} &= \sum_{i=1}^{3} a_i \, E\{X_i\} \\ &= 10 \cdot 5 + 9 \cdot (-3) + (-0{,}1) \cdot 100 \\ &= 50 - 27 - 10 \\ &= 13 \ . \end{aligned}$$

Für die Varianz von Y_n läßt sich allgemein keine so einfache Beziehung aufstellen, da die Abhängigkeiten der Zufallsvariablen eine Rolle spielen. Geht man von unabhängigen Zufallsvariablen X_i $(i=1,\dots,n)$ aus, so gelangt man zu einer einfachen Darstellung der Varianz von Y_n.

Die Glieder einer endlichen Folge $X_1,\dots,X_n$ von Zufallsvariablen heißen insgesamt stochastisch unabhängig (kurz unabhängig), falls gilt:

$$P(\{X_1 \leq x_1\} \cap \{X_2 \leq x_2\} \cap \dots \cap \{X_n \leq x_n\})$$
$$= P(X_1 \leq x_1) \cdot P(X_2 \leq x_2) \cdot \dots \cdot P(X_n \leq x_n)\ .$$

Für insgesamt stochastisch unabhängige Zufallsvariable X_i $(i = 1,\dots,n)$ mit $E\{X_i\} = \mu_{X_i}$ und $V\{X_i\} = \sigma^2_{X_i}$ gilt

mit $Y_n = \sum_{i=1}^{n} a_i X_i$ $\qquad a_i \in \mathbb{R},\ i = 1,\dots,n$:

$$E\{Y_n\} = E\{\sum_{i=1}^{n} a_i X_i\} = \sum_{i=1}^{n} a_i E\{X_i\}$$

$$V\{Y_n\} = V\{\sum_{i=1}^{n} a_i X_i\} = \sum_{i=1}^{n} a_i^2 V\{X_i\} = \sum_{i=1}^{n} a_i^2 \sigma^2_{X_i}\ .$$

Beispiel 32: Vgl. Beispiel 31.

Man nehme an, die Zufallsvariablen seien stochastisch unabhängig mit $V\{X_1\} = 5$, $V\{X_2\} = 1$, $V\{X_3\} = 100$.

$$Y_3 = 10 \cdot X_1 + 9 \cdot X_2 + (-0{,}1) \cdot X_3$$
$$E\{Y_3\} = 13$$
$$V\{Y_3\} = \sum_{i=1}^{3} a_i^2 \cdot V\{X_i\}$$
$$= 100 \cdot 5 + 81 \cdot 1 + 0{,}01 \cdot 100$$
$$= 500 + 81 + 1$$
$$= 582\ .$$

Setzt man zusätzlich voraus, daß $\mu_{X_i} = \mu_X$ und $\sigma^2_{X_i} = \sigma^2_X$ für alle i gilt, die unabhängigen Zufallsvariablen also alle denselben Mittelwert und dieselbe Varianz aufweisen, so folgt mit $X_n^* = \sum_{i=1}^{n} X_i$ und $\bar{X}_n = \frac{1}{n} \sum_{i=1}^{n} X_i$:

$$E\{X_n^*\} = E\{\sum_{i=1}^{n} X_i\} = \sum_{i=1}^{n} E\{X_i\} = \sum_{i=1}^{n} \mu_X = n\mu_X$$

$$V\{X_n^*\} = V\{\sum_{i=1}^{n} X_i\} = \sum_{i=1}^{n} V\{X_i\} = \sum_{i=1}^{n} \sigma_X^2 = n\sigma_X^2 \quad \text{und}$$

$$E\{\bar{X}_n\} = E\{\frac{1}{n} X_n^*\} = \frac{1}{n} E\{X_n^*\} = \frac{1}{n} n\mu_X = \mu_X$$

$$V\{\bar{X}_n\} = V\{\frac{1}{n} X_n^*\} = \frac{1}{n^2} V\{X_n^*\} = \frac{1}{n^2} n\sigma_X^2 = \frac{\sigma_X^2}{n} .$$

Während der Erwartungswert von $\bar{X}_n$ gleich $E\{X_i\} = \mu_X$ ist, ist die Varianz der Zufallsvariablen $\bar{X}_n$ von n abhängig; mit wachsendem n wird sie kleiner.

Beispiel 33:

Beim Werfen eines Würfels beträgt die durchschnittliche Punktzahl pro Wurf 3,50, die Standardabweichung $\sqrt{2,92}$ (Punkte). Es werde wiederholt mit 10 Würfeln gleichzeitig gewürfelt.

Welche Punktzahl pro Wurf kann man erwarten, wie groß ist die zugehörige Varianz?

X_i $(i = 1,\ldots,10)$ sei die Zufallsvariable, die die beim Wurf des i-ten Würfels erhaltene Punktzahl angibt. Die Zufallsvariablen $X_1,\ldots,X_{10}$ sind stochastisch unabhängig.

$$E\{X_i\} = 3,50 \qquad V\{X_i\} = 2,92 \qquad i = 1,\ldots,10$$

$$X_{10}^* = \sum_{i=1}^{10} X_i .$$

Gesucht sind Erwartungswert und Varianz von X_{10}^*.

$$E\{X_{10}^*\} = 10\cdot 3,50 = 35,0 ,$$

$$V\{X_{10}^*\} = 10\cdot 2,92 = 29,2 .$$

Will man die zu erwartende Punktzahl pro Wurf und Würfel erhalten, so ist $E\{\bar{X}_{10}\}$ zu berechnen.

$$E\{\bar{X}_{10}\} = 3,50 .$$

Für $V\{\bar{X}_{10}\}$ ergibt sich

$$V\{\bar{X}_{10}\} = \frac{2,92}{10} = 0,292 .$$

2.5 Analogien zwischen der Wahrscheinlichkeitsrechnung und der deskriptiven Statistik

In den Abschnitten I.1 und I.2 hätte man bei der Einführung vieler Größen auf Ansätze aus der deskriptiven Statistik Bezug nehmen können. Da man nicht allgemein die hierfür notwendigen Kenntnisse der deskriptiven Statistik voraussetzen kann, werden erst an dieser Stelle die wichtigsten vergleichbaren Begriffe - ohne Angabe der Formeln - einander gegenübergestellt (vgl. Übersicht 1):

Übersicht 1: Vergleichbare Begriffe bei Häufigkeits- und Wahrscheinlichkeitsverteilungen

Häufigkeitsverteilungen	Wahrscheinlichkeitsverteilungen
Merkmal	Zufallsvariable
diskretes Merkmal	diskrete Zufallsvariable
kontinuierliches Merkmal	kontinuierliche Zufallsvariable
relative Häufigkeit	Wahrscheinlichkeit
relative Häufigkeitsfunktion	Wahrscheinlichkeitsfunktion
Häufigkeitspolygon	Dichtefunktion
empirische Verteilungsfunktion	Verteilungsfunktion
Quantile	Quantile
Mittelwert	Erwartungswert (Mittelwert)
Varianz	Varianz
Standardabweichung	Standardabweichung
Kontingenztafel	Wahrscheinlichkeitstabelle
Unabhängigkeit von Merkmalen	Unabhängigkeit von Zufallsvariablen

<u>Ziel des Abschnitts I.2</u>: Zusammenfassende Darstellung der Wahrscheinlichkeiten von Ereignissen in Form einer Wahrscheinlichkeitsverteilung und Bestimmung von charakteristischen Größen (Funktionalparametern) dieser Verteilung.

<u>Inhalt</u>:

Zufallsvariable X

Funktion X mit $X(e) = x$ $\quad e \in S,\ x \in \mathbb{R}$

$$P(a \leq X \leq b) = P(\{e \in S \mid a \leq X(e) \leq b\})$$

Verteilungsfunktion F(x) von X

$$F(x) = P(X \leq x) = P(\{e \in S \mid X(e) \leq x\}) \qquad x \in \mathbb{R}.$$

Diskrete Zufallsvariable X $\quad (W_X = \{x_1, x_2, \ldots\})$

Wahrscheinlichkeitsfunktion F(x) von X $\quad x \in \mathbb{R}$

$$f(x) = \begin{cases} P(X = x) & \text{für } x = x_1, x_2, \ldots \\ 0 & \text{für } x \notin W_X \end{cases}$$

$$F(x) = P(X \leq x) = \sum_{\substack{i \text{ mit} \\ x_i \leq x}} f(x_i) \qquad x \in \mathbb{R}$$

$$\sum_i f(x_i) = 1 .$$

Stetige Zufallsvariable X

Dichtefunktion f(x) von X

$$f(x) = F'(x) \qquad x \in \mathbb{R}, \text{ falls } F(x) \text{ differenzierbar}$$

$$F(x) = P(X \leq x) = \int_{-\infty}^{x} f(t)\,dt \qquad x \in \mathbb{R}$$

$$\int_{-\infty}^{\infty} f(x)\,dx = 1$$

$$P(X = a) = 0 \qquad a \in \mathbb{R} .$$

Funktionalparameter von X bzw. F(x)

	diskrete Zufallsvariable	stetige Zufallsvariable
Erwartungswert von g(X) $E\{g(X)\}$	$\sum_i g(x_i) f(x_i)$	$\int_{-\infty}^{\infty} g(x) f(x) dx$
Erwartungswert von X $E\{X\} = \mu_X$	$\sum_i x_i f(x_i)$	$\int_{-\infty}^{\infty} x f(x) dx$
Varianz von X $E\{(X-\mu_X)^2\} = V\{X\} = \sigma_X^2$	$\sum_i (x_i-\mu_X)^2 f(x_i) = \sum_i x_i^2 f(x_i) - \mu_X^2$	$\int_{-\infty}^{\infty} (x-\mu_X)^2 f(x) dx = \int_{-\infty}^{\infty} x^2 f(x) dx - \mu_X^2$
Standardabweichung von X σ_X	$\sqrt{V\{X\}}$	$\sqrt{V\{X\}}$
Median $x_{0,5}$	x mit $P(X \leqq x) \geqq 0,5$ und $P(X \geqq x) \geqq 0,5$	x mit $F(x) = 0,5$

Regeln für das Rechnen mit Zufallsvariablen $(a,b \in \mathbb{R})$

$E\{a\} = a \qquad V\{a\} = 0$

$E\{aX + b\} = aE\{X\} + b \qquad V\{aX + b\} = a^2 V\{X\}$

$E\{ag(X) + bh(X)\} = aE\{g(X)\} + bE\{h(X)\}$

$V\{X\} = E\{X^2\} - (E\{X\})^2$.

$X_1, \ldots, X_n$ Zufallsvariablen mit $E\{X_i\} = \mu_{X_i}$, $V\{X_i\} = \sigma_{X_i}^2$, $a_i \in \mathbb{R}$, $i = 1, \ldots, n$

$$E\{\sum_{i=1}^{n} a_i X_i\} = \sum_{i=1}^{n} a_i E\{X_i\}$$

$$V\{\sum_{i=1}^{n} a_i X_i\} = \sum_{i=1}^{n} a_i^2 V\{X_i\}$$, falls $X_1, \ldots, X_n$ insgesamt stochastisch unabhängig.

3 AUSGEWÄHLTE VERTEILUNGEN VON DISKRETEN ZUFALLSVARIABLEN

3.1 Einführung

In Abschnitt I.2 wurde die Verteilungsfunktion eingeführt. Dabei wurde bereits deutlich, daß es unendlich viele Funktionen gibt, die als Verteilungsfunktion einer Zufallsvariablen aufgefaßt werden können.

Einige dieser Verteilungsfunktionen sind in der Wahrscheinlichkeitsrechnung und den später zu behandelnden Schätz- und Testverfahren von grundlegender Bedeutung. Für die elementare Darstellung dieser beiden Gebiete kann man sich auf wenige Verteilungen beschränken, die in den Abschnitten I.3 und I.4 vorgestellt werden sollen.

Während in Abschnitt I.3 Verteilungen diskreter Zufallsvariablen überwiegend von einem Zufallsexperiment ausgehend hergeleitet werden, sollen in Abschnitt I.4 zuerst Verteilungen stetiger Zufallsvariablen und anschließend ihre Anwendungsmöglichkeiten vorgestellt werden.

3.2 Einpunktverteilung

Im Sinne der Definition eines Zufallsexperiments muß der Ergebnisraum immer mindestens zwei Elemente umfassen. Betrachtet man eine Zufallsvariable X, die jedem Element einer Ergebnismenge S denselben Wert zuordnet (z.B. $X(e) = a$ für alle $e \in S$, $a \in \mathbb{R}$), so bezeichnet man die zugehörige Verteilung als Einpunktverteilung:

$$f(x) = \begin{cases} 1 & \text{für } x = a \\ 0 & \text{für } x \neq a \end{cases}$$

X(e) = a

$$F(x) = \begin{cases} 0 & \text{für } x < a \\ 1 & \text{für } x \geq a \end{cases}$$

$a \in \mathbb{R}$, $\mu_X = a$, $\sigma_X^2 = 0$.

3.3 Bernoulli-Verteilung

Es sei A ein (interessierendes) Ereignis, das bei einem Zufallsexperiment eintreten kann, und $\bar{A}$ das hierzu komplementäre Ereignis. A muß nicht ein Elementarereignis sein.

Die Wahrscheinlichkeit für das Auftreten von A sei π:

$$P(A) = \pi \qquad P(\bar{A}) = 1 - \pi \qquad 0 < \pi < 1 .$$

Definiert man nun eine Zufallsvariable X mit

$$X(e) = \begin{cases} a & \text{für } e \in A \\ b & \text{für } e \in \bar{A} \end{cases} \qquad a, b \in \mathbb{R} ,$$

so bezeichnet man die zugehörige Verteilung als <u>Zweipunkt-Verteilung</u>.

Üblicherweise wird a = 1 und b = 0 gesetzt, man spricht dann auch von einer <u>Bernoulli-</u> oder <u>Null-Eins-Verteilung</u>. Für eine Bernoulli-verteilte Zufallsvariable gilt:

$$X(e) = \begin{cases} 1 & \text{für } e \in A \\ 0 & \text{für } e \in \bar{A} \end{cases}$$

$$W_X = \{0, 1\}$$

$$f(x) = \begin{cases} 1-\pi & \text{für } x = 0 \\ \pi & \text{für } x = 1 \\ 0 & \text{für } x \text{ sonst} \end{cases}$$

$$F(x) = \begin{cases} 0 & \text{für } x < 0 \\ 1-\pi & \text{für } 0 \leq x < 1 \\ 1 & \text{für } x \geq 1 \end{cases}$$

$$\mu_X = E\{X\} = 0 \cdot (1-\pi) + 1 \cdot \pi = \pi$$

$$\sigma_X^2 = V\{X\} = 0^2(1-\pi) + 1^2 \cdot \pi - \pi^2$$
$$= \pi(1-\pi) .$$

Beispiel 34:

Von 500 Studenten einer Statistik-Vorlesung haben 100 in der Schule einen Leistungskurs in Mathematik besucht.

Wie groß ist die Wahrscheinlichkeit, bei zufälliger Auswahl eines Studenten einen Studenten zu erhalten, der einen Leistungskurs in Mathematik besucht hat?

Ereignis A: Wahl eines Studenten, der einen Mathematik-Leistungskurs besucht hat.

$$P(A) = \frac{100}{500} = 0{,}2$$

$$P(\bar{A}) = 0{,}8 \; .$$

Ähnlich wie im Beispiel 34 dargelegt, wird man es häufig mit endlichen Gesamtheiten vom Umfang N zu tun haben, die M ($< N$) Elemente mit der interessierenden Eigenschaft (im Beispiel Besuch des Mathematik-Leistungskurses) enthalten. Für den Anteil der Elemente mit der interessierenden Eigenschaft ergibt sich dann $\pi = \frac{M}{N}$.

n-mal

3.4 Binomialverteilung $B(n;\pi)$

Bei der Herleitung der Bernoulli-Verteilung ging man davon aus, daß das Zufallsexperiment nur einmal vorgenommen wird. Wird das Zufallsexperiment nun n-mal durchgeführt, wobei die Experimente (Versuche) sich gegenseitig nicht beeinflussen, d.h. unabhängig sein sollen, so bedeutet dies, daß bei jedem Versuch $P(A) = \pi$ gilt. Interessieren kann jetzt z.B., wie groß die Wahrscheinlichkeit dafür ist, daß das Ereignis A genau x-mal auftritt.

Die Zufallsvariable X_i $(i = 1,\ldots,n)$ sei wie folgt definiert:

$$X_i = \begin{cases} 1 & \text{, falls A beim i-ten Zufallsexperiment auftritt} \\ 0 & \text{, falls } \bar{A} \text{ beim i-ten Zufallsexperiment auftritt .} \end{cases}$$

Die Zufallsvariable X sei die Summe der Zufallsvariablen $X_1,\ldots,X_n$:

$$X = \sum_{i=1}^{n} X_i .$$

Sie hat den Wertebereich

$$W_X = \{0,\dots,n\} .$$

Gesucht ist nun die Verteilung von X, d.h. auch $P(X=x)$.

Die Wahrscheinlichkeit dafür, daß bei n unabhängig durchgeführten Zufallsexperimenten der angegebenen Art zunächst x-mal A, dann (n-x)-mal $\bar{A}$ auftritt, läßt sich wie folgt berechnen:

A_i ($\bar{A}_i$), i = 1,...,n, kennzeichne das Ereignis, daß beim i-ten Zufallsexperiment A ($\bar{A}$) auftritt.

Aufgrund der geforderten Unabhängigkeit gilt:

$$\begin{aligned} & P(A_1 \cap A_2 \cap \dots \cap A_x \cap \bar{A}_{x+1} \cap \dots \cap \bar{A}_n) \\ &= P(A_1)\cdot P(A_2) \cdot \dots \cdot P(A_x)\cdot P(\bar{A}_{x+1}) \cdot \dots \cdot P(\bar{A}_n) \\ &= \pi^x (1-\pi)^{n-x} \quad . \end{aligned}$$

Gesucht ist aber nicht die Wahrscheinlichkeit dafür, daß A genau bei den ersten x Versuchen auftritt, sondern die Wahrscheinlichkeit, daß A bei n Versuchen genau x-mal vorkommt. A muß somit nicht notwendigerweise in den ersten x Zufallsexperimenten auftreten, es können auch die letzten x oder eine beliebige andere Auswahl vom Umfang x aus den n Zufallsexperimenten sein.

Beispiel 35:

Seien $\pi = 0{,}3$, $n = 5$, $x = 4$ gegeben und sei $P(X=4)$ gesucht. Dann sind die Wahrscheinlichkeiten für die folgenden Ereignisse zu berechnen:

$$\begin{aligned} B_1 &= A_1 \cap A_2 \cap A_3 \cap A_4 \cap \bar{A}_5 \\ B_2 &= A_1 \cap A_2 \cap A_3 \cap \bar{A}_4 \cap A_5 \\ B_3 &= A_1 \cap A_2 \cap \bar{A}_3 \cap A_4 \cap A_5 \\ B_4 &= A_1 \cap \bar{A}_2 \cap A_3 \cap A_4 \cap A_5 \\ B_5 &= \bar{A}_1 \cap A_2 \cap A_3 \cap A_4 \cap A_5 \quad . \end{aligned}$$

Wie man leicht sieht, sind diese (zusammengesetzten) Ereignisse B_j

(j = 1,...,5) unvereinbar. Es gilt:

$$P(B_j) = 0{,}3^4 \cdot 0{,}7^1 = 0{,}00567 \qquad j = 1,\dots,5$$

sowie

$$P(X=4) = P(B_1 \cup B_2 \cup \dots \cup B_5) = \sum_{j=1}^{5} P(B_j) = 0{,}02835 .$$

Es gibt genau $\binom{n}{x}$ Möglichkeiten, aus n Versuchen x auszuwählen (vgl. Anhang zur Kombinatorik). Für jede dieser Möglichkeiten läßt sich wie oben die Wahrscheinlichkeit berechnen, daß A genau bei den x ausgewählten Zufallsexperimenten auftritt. Diese $\binom{n}{x}$ betrachteten Durchschnittsereignisse sind unvereinbar (vgl. Beispiel 35), ihre Wahrscheinlichkeiten alle gleich und direkt addierbar. Es resultiert für die gesuchte Wahrscheinlichkeit $P(X=x)$:

$$P(X=x) = \binom{n}{x}\pi^x(1-\pi)^{n-x} \qquad \text{für } x = 0,\dots,n .$$

Die Zufallsvariable X besitzt somit bei Vorgabe von n und π die Wahrscheinlichkeitsfunktion

$$f(x) = f(x|n;\pi) = \begin{cases} \binom{n}{x}\pi^x(1-\pi)^{n-x} & \text{für } x = 0,\dots,n \\ 0 & \text{für } x \text{ sonst .} \end{cases}$$

Aus dieser läßt sich in der üblichen Weise die Verteilungsfunktion ($F(x) = F(x|n;\pi)$) berechnen. Man spricht von einer <u>binomialverteilten Zufallsvariablen X</u>.
Für diese gilt:

$$\mu_X = E\{X\} = E\{\sum_{i=1}^{n} X_i\} = \sum_{i=1}^{n} E\{X_i\} = n\pi$$

$$\sigma_X^2 = V\{X\} = V\{\sum_{i=1}^{n} X_i\} = \sum_{i=1}^{n} V\{X_i\} = n\pi(1-\pi)$$

$$f(x|n;\pi) = \binom{n}{x}\pi^x(1-\pi)^{n-x} = \binom{n}{n-x}(1-\pi)^{n-x}\pi^x$$
$$= f(n-x|n;1-\pi),$$

$$0 < \pi < 1,\ n \in \mathbb{N},\ x = 0,\dots,n.$$

Aufgrund der letzten Beziehung genügt es, die Wahrscheinlichkeitsfunktion und die Verteilungsfunktion für $\pi \leq 0{,}5$ zu tabellieren.

Die Verteilung bezeichnet man auch als Binomialverteilung $B(n;\pi)$. Sie bildet eine Familie oder Schar von Verteilungen, da erst durch Vorgabe von $n \in \mathbb{N}$ und π $(0 < \pi < 1)$ eine Verteilung spezifiziert wird.

Durch die Wahl von n und π wird aus der Schar der möglichen Verteilungen eine Auswahl getroffen. n und π bezeichnet man daher auch als Scharparameter.

Es gilt: Die Summe von n insgesamt stochastisch unabhängigen, Bernoulli-verteilten Zufallsvariablen mit dem Parameter π ist $B(n;\pi)$-verteilt.

Die Binomialverteilung enthält die Bernoulli-Verteilung als Spezialfall (n = 1).

Beispiel 36: Vgl. Beispiel 34.

Wie groß ist die Wahrscheinlichkeit, bei zufälliger Auswahl von 10 Studenten genau 3 zu erhalten, die einen Leistungskurs in Mathematik besucht haben?
Mit wieviel Studenten, die einen solchen Leistungskurs besucht haben, kann man bei der Auswahl von 10 Studenten rechnen?
Um die zur Anwendung der Binomialverteilung notwendige Voraussetzung der Unabhängigkeit der einzelnen Auswahlen zu sichern, wird davon ausgegangen, daß nach jedem Schritt wieder eine Auswahl aus allen 500 Studenten getroffen wird. Man spricht auch von einer Auswahl mit Zurücklegen. Die Zufallsvariable X gebe die Anzahl der Studenten in der Auswahl an, die einen Leistungskurs in Mathematik besucht haben.

X ist $B(10;0,2)$-verteilt.

Gesucht sind $P(X=3) = f(3|10;0,2)$ und μ_X.

$$f(3|10;\,0,2) = \binom{10}{3}\cdot 0,2^3\cdot 0,8^7$$
$$= 0,2013$$

$$\mu_X = 10\cdot 0,2 = 2\,.$$

Für ausgewählte n und π ist die Binomialverteilung im Anhang (vgl. Tabelle 2) tabelliert. Für $\pi = 0,5$ ist die Verteilung symmetrisch.

Beispiel 37: Wahrscheinlichkeitsfunktionen und Verteilungsfunktionen ausgewählter Binomialverteilungen

	n = 4 und π = 0,3		n = 4 und π = 0,5	
x	$f(x \mid 4;\ 0{,}3)$	$F(x \mid 4;\ 0{,}3)$	$f(x \mid 4;\ 0{,}5)$	$F(x \mid 4;\ 0{,}5)$
0	0,2401	0,2401	0,0625	0,0625
1	0,4116	0,6517	0,2500	0,3125
2	0,2646	0,9163	0,3750	0,6875
3	0,0756	0,9919	0,2500	0,9375
4	0,0081	1,0000	0,0625	1,0000

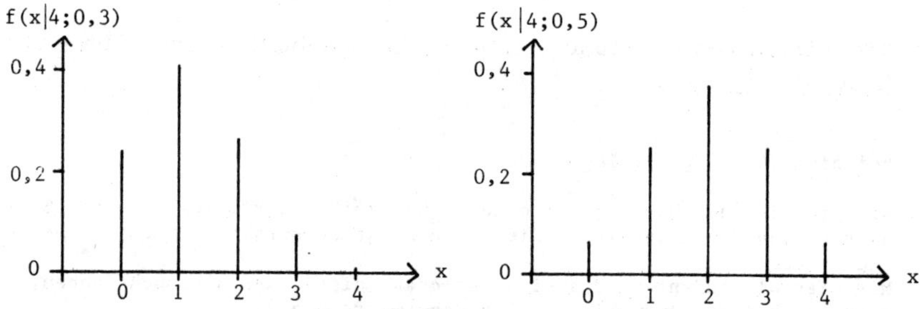

Abb. 11: Wahrscheinlichkeitsfunktionen zu Beispiel 37

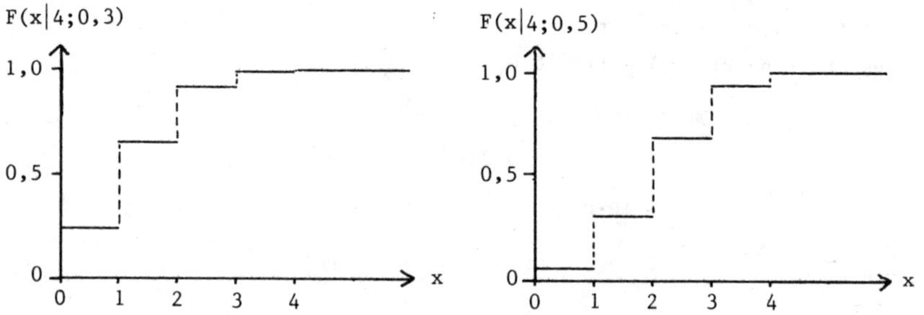

Abb. 12: Verteilungsfunktionen zu Beispiel 37

3.5 Hypergeometrische Verteilung H(n;N;M)

Wie oben kurz dargelegt, kann man die Unabhängigkeit der einzelnen Zufallsexperimente durch einen Ziehungsmechanismus mit Zurücklegen erreichen. Geht man dagegen von einem (zufälligen) Ziehen ohne Zurücklegen aus, so kann zunächst nicht die Binomialverteilung verwendet werden.

Analog der Darstellung in Abschnitt I.3.3 sei

- M die Anzahl der Einheiten mit der interessierenden Eigenschaft in der endlichen Gesamtheit vom Umfang N $(0 < M < N)$,
- $\pi = \frac{M}{N}$ der Anteil der Einheiten mit der interessierenden Eigenschaft in der Gesamtheit,
- n die Anzahl der zufällig aus der Gesamtheit gezogenen Elemente (vgl. Anzahl der Zufallsexperimente in Abschnitt I.3.4) $(n < N)$.

Die Zufallsvariable X_i $(i = 1,\dots,n)$ gebe an, ob im i-ten Zug (Zufallsexperiment) A (d.h. ein Element mit der interessierenden Eigenschaft) auftritt:

$$X_i = \begin{cases} 1\,, & \text{falls A beim i-ten Zug auftritt} \\ 0\,, & \text{falls } \bar{A} \text{ beim i-ten Zug auftritt}\,. \end{cases}$$

Die Zufallsvariable

$$X = \sum_{i=1}^{n} X_i$$

erfaßt dann die Gesamtzahl der bei n Zügen gezogenen Einheiten mit der interessierenden Eigenschaft; X kann keinen Wert kleiner als Null annehmen.

Die Zufallsvariable X kann weder größer als n noch größer als die Anzahl M der Elemente mit der interessierenden Eigenschaft sein. Durch ähnliche Überlegungen ergibt sich, daß der kleinste Wert, den diese Zufallsvariable annehmen kann, das Maximum von Null und n - (N-M) ist.

Es folgt für den Wertebereich von X:

$$W_X = \{\max(0,n-(N-M)),\ldots,\min(n,M)\}.$$

Beispiel 38: Vgl. Beispiele 34 und 36.

$N = 500$
$M = 100$
$\pi = 0,2$

Bei Ziehen ohne Zurücklegen ergibt sich

für n = 10:

$W_X = \{0,\ldots,10\}$,

für n = 150:

$W_X = \{0,\ldots,100\}$.

Zur Herleitung der Wahrscheinlichkeit dafür, daß die Zufallsvariable X den Wert x annimmt, verwendet man die Kombinatorik (vgl. Anhang). N, M und n seien gegeben. Es soll also n-mal aus einer Grundgesamtheit vom Umfang N zufällig (ohne Zurücklegen) gezogen werden. M Einheiten weisen die interessierende Eigenschaft auf.

Es gibt zunächst $\binom{N}{n}$ Möglichkeiten, n Einheiten aus N Einheiten auszuwählen. x Einheiten sollen aus den M Einheiten mit der interessierenden Eigenschaft sein, n-x Einheiten aus den restlichen N-M Einheiten. Es existieren $\binom{M}{x}$ Möglichkeiten, x Einheiten aus den M Einheiten auszuwählen. Zu jedem dieser Fälle gibt es $\binom{N-M}{n-x}$ Möglichkeiten, die anderen Einheiten auszuwählen. Die Anzahl der günstigen Fälle beträgt demnach $\binom{M}{x}\cdot\binom{N-M}{n-x}$, die Anzahl der möglichen ist $\binom{N}{n}$.

Es folgt die Wahrscheinlichkeitsfunktion für X:

$$f(x) = f(x|n;N;M) = \begin{cases} \dfrac{\binom{M}{x}\cdot\binom{N-M}{n-x}}{\binom{N}{n}} & \text{für } x = \max(0,n-(N-M)),\ldots \\ & \quad ..,\min(n,M) \\ 0 & \text{für } x \text{ sonst} \end{cases}$$

$n,N,M \in \mathbb{N};\ n,M < N.$

Ersetzt man M durch $N\pi$ (mit $\pi = \frac{M}{N}$), so kann man schreiben:

$$f(x) = \frac{\binom{N\pi}{x}\cdot\binom{N(1-\pi)}{n-x}}{\binom{N}{n}} \qquad \text{für } x = \max(0,n-(N-M)),\ldots,\min(n,M).$$

Es gilt:

$$\mu_X = E\{X\} = E\{\sum_{i=1}^{n} X_i\} = \sum_{i=1}^{n} E\{X_i\} = n\pi$$

$$\sigma_X^2 = n\pi(1-\pi)\cdot\frac{N-n}{N-1}\ .$$

Bei der Varianz spielen die Abhängigkeiten der einzelnen Züge eine Rolle. Die Varianz ist für n > 1 kleiner als im Fall der Binomialverteilung.

Die Verteilung der Zufallsvariablen X bezeichnet man als Hypergeometrische Verteilung H(n;N;M). Sie ist von drei Scharparametern (n,N,M) abhängig.

Beispiel 39: Vgl. Beispiele 34, 36 und 38.

Wie groß ist die Wahrscheinlichkeit, bei zufälliger Auswahl (ohne Zurücklegen) von 10 Studenten genau 3 zu erhalten, die einen Leistungskurs in Mathematik besucht haben?

X ist H(10;500;100)-verteilt.

Gesucht ist $P(X=3) = f(3|10;500;100)$.

$$f(3|10;500;100) = \frac{\binom{100}{3}\cdot\binom{400}{7}}{\binom{500}{10}}$$

$$= \frac{\dfrac{100\cdot 99\cdot 98}{1\cdot 2\cdot 3}\cdot\dfrac{400\cdot 399\cdot\ldots\cdot 394}{1\cdot 2\cdot 3\cdot 4\cdot 5\cdot 6\cdot 7}}{\dfrac{500\cdot 499\cdot\ldots\cdot 491}{1\cdot 2\cdot\ldots\cdot 10}}$$

$$= 0{,}2028\ .$$

Beispiel 39 zeigt, daß die Berechnungen umständlich sein können. Nun gilt: Für $\frac{n}{N} \to 0$ konvergiert die Wahrscheinlichkeitsfunktion der Hypergeometrischen Verteilung H(n;N;M) gegen die Wahrscheinlichkeitsfunktion der Binomialverteilung B(n;π) mit $\pi = \frac{M}{N}$. Man bezeichnet in diesem Fall die Binomialverteilung als Grenzverteilung der Hypergeometrischen Verteilung.

Für kleine $\frac{n}{N}$ kann also die Unabhängigkeit der einzelnen Züge unterstellt werden. Dies schließt ein, daß bei Ziehen ohne Zurücklegen aus unendlicher Gesamtheit auch die Binomialverteilung verwendet wird. Falls $n \leq 0{,}05 \cdot N$ ist, gilt für alle $x \in W_X$ folgende Approximation:

$$f(x|n;N;M) \doteq f(x|n;\tfrac{M}{N}) = \binom{n}{x} \cdot \left(\tfrac{M}{N}\right)^x \cdot \left(1-\tfrac{M}{N}\right)^{n-x} .$$

Im oben betrachteten Beispiel sind die Approximationsbedingungen erfüllt; es folgt

$$f(3|10;500;100) \doteq f(3|10;\tfrac{100}{500}) = f(3|10;0{,}2)$$
$$= 0{,}2013.$$

Beispiel 40: Vgl. Beispiele 34, 36 und 38.

Wie groß ist die Wahrscheinlichkeit, bei zufälliger Auswahl von 20 Studenten (ohne Zurücklegen)

a) keinen zu erhalten, der einen Leistungskurs in Mathematik besucht hat,

b) mindestens 5 zu erhalten, die einen Leistungskurs in Mathematik besucht haben,

c) 20 Studenten zu erhalten, die einen Leistungskurs in Mathematik besucht haben?

Die Zufallsvariable X gibt die Anzahl der Studenten in der Auswahl an, die einen Leistungskurs in Mathematik besucht haben. X ist H(20;500;100)-verteilt. Da $n = 20 \leq 0{,}05 \cdot N = 25$ ist, kann die Hypergeometrische Verteilung durch die Binomialverteilung mit n = 20 und $\pi = \frac{M}{N} = 0{,}2$ approximiert werden.

a) $$f(0|20;0{,}2) = \binom{20}{0} \cdot 0{,}2^0 \cdot 0{,}8^{20} = 0{,}0115$$

b) $$\sum_{x=5}^{20} f(x|20;0{,}2) = 1 - \sum_{x=0}^{4} f(x|20;0{,}2)$$
$$= 1 - F(4|20;0{,}2) = 1 - 0{,}6296 = 0{,}3704$$

c) $$f(20|20;0{,}2) = \binom{20}{20} \cdot 0{,}2^{20} \cdot 0{,}8^0 = 1{,}05 \cdot 10^{-14} \doteq 0{,}0000 .$$

Beispiel 41: Wahrscheinlichkeitsfunktionen ausgewählter Hypergeometrischer Verteilungen mit n = 4

	x				
	0	1	2	3	4
f(x |4;5;3)	0,0000	0,0000	0,6000	0,4000	0,0000
f(x |4;10;3)	0,1667	0,5000	0,3000	0,0333	0,0000
f(x |4;10;6)	0,0048	0,1143	0,4286	0,3810	0,0714

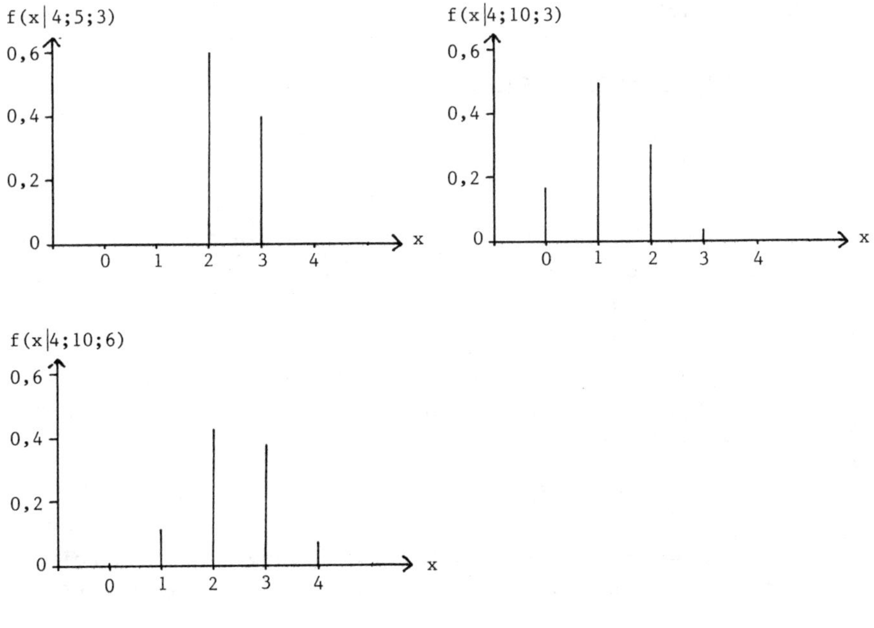

Abb. 13: Wahrscheinlichkeitsfunktionen zu Beispiel 41

3.6 Poisson-Verteilung $Po(\lambda)$

Eine Zufallsvariable X mit der Wahrscheinlichkeitsfunktion

$$f(x) = f(x|\lambda) = \begin{cases} \frac{\lambda^x}{x!} e^{-\lambda} & \text{für } x = 0,1,\ldots \\ 0 & \text{für } x \text{ sonst} \end{cases}$$

heißt Poisson-verteilt mit dem Scharparameter λ (> 0).

Diese Verteilung findet hier in erster Linie als Grenzverteilung der Binomialverteilung Verwendung. Auf die etwas umfangreichere eigenständige Herleitung dieser Verteilung wird daher verzichtet.

Für die Poisson-Verteilung $Po(\lambda)$ gilt:

$$\mu_X = \lambda \quad ,$$
$$\sigma_X^2 = \lambda \quad .$$

Der Scharparameter λ ist auch gleichzeitig Funktionalparameter. Für ausgewählte λ ist die Poisson-Verteilung im Anhang tabelliert (vgl. Tabelle 3).

Für $n \to \infty$, $\pi \to 0$ und $n\pi = \lambda$ konvergiert die Binomialverteilung mit den Parametern n und π gegen die Poisson-Verteilung mit dem Parameter $\lambda = n\pi$:

$$B(n;\pi) \to Po(n\pi) \qquad \text{für } n \to \infty, \ \pi \to 0 .$$

Eine Approximation der Binomialverteilung durch die Poisson-Verteilung kann für $\pi \leqq 0,1$ und $n\pi \leqq 5$ vorgenommen werden:

$$\begin{aligned} f(x|n;\pi) &= \binom{n}{x} \pi^x (1-\pi)^{n-x} \\ &\doteq \frac{(n\pi)^x}{x!} e^{-n\pi} \\ &= f(x|n\pi) \qquad \text{für } x = 0,\ldots,n . \end{aligned}$$

Beispiel 42:

Wie groß ist die Wahrscheinlichkeit, daß beim Roulette bei 37 Würfen der Kugeln höchstens zweimal die Null kommt?
Die Zufallsvariable X, die angibt, wie oft die Null auftritt, wenn man 37-mal wirft, ist offenbar $B(37;\frac{1}{37})$-verteilt. Gesucht ist $f(x|37;\frac{1}{37})$. Dabei kann $f(x|37;\frac{1}{37})$ durch die Wahrscheinlichkeit der Poisson-Verteilung Po(1) approximiert werden.

x	Binomialverteilung $f(x\|37;\frac{1}{37})$	Poisson-Verteilung $f(x\|1)$
0	0,3629	0,3679
1	0,3729	0,3679
2	0,1865	0,1839
Summe	0,9223	0,9197

Die gesuchte Wahrscheinlichkeit ist exakt 0,9223.
Bei Approximation mit Hilfe der Poisson-Verteilung erhält man 0,9197.

Die Poisson-Verteilung kann als Verteilung bei Ereignissen Verwendung finden, die durch folgende Eigenschaften charakterisiert sind:

Die Ereignisse sind unabhängig voneinander. Die Verteilung der Anzahl ihres Auftretens ist bezogen auf ein Zeitintervall nur von der Breite des Intervalls abhängig. Der Parameter λ gibt an, wie oft das Ereignis durchschnittlich im Zeitintervall auftritt.

Es gilt: Die Summe von n insgesamt stochastisch unabhängigen $Po(\lambda)$-verteilten Zufallsvariablen ist $Po(n\lambda)$-verteilt.

Beispiel 43:

In einer Telefonzentrale kommen pro Minute durchschnittlich 5 Gespräche an. Man kann davon ausgehen, daß die Anzahl der Telefonanrufe pro Minute eine Poisson-verteilte Zufallsvariable mit $\lambda = 5$ ist.
Wie groß ist die Wahrscheinlichkeit, daß in einem Zeitraum von einer Minute weniger als 5 Gespräche eingehen?

Gesucht ist für die Po(5)-verteilte Zufallsvariable X: $P(X \leq 4)$.

$$P(X \leq 4) = F(4) = 0{,}4405 .$$

Wie groß ist die Wahrscheinlichkeit, daß in einem Zeitraum von einer Minute genau 4 Gespräche eingehen?

Gesucht ist $P(X=4)$.

$$P(X=4) = f(4|5) = 0{,}1755 .$$

Ziel des Abschnitts I.3: Darstellung wichtiger Verteilungen diskreter Zufallsvariablen.

Inhalt:

Verteilung	Wahrscheinlichkeitsfunktion	Scharparameter	Funktionalparameter $E\{X\}$	$V\{X\}$
Einpunkt-verteilung	1 für $x = a$	-	a	0
Bernoulli-Verteilung	$1-\pi$ für $x = 0$ π für $x = 1$	$0 < \pi < 1$	π	$\pi(1-\pi)$
Binomial-verteilung $B(n;\pi)$	$\binom{n}{x}\pi^x(1-\pi)^{n-x}$ für $x = 0,\ldots,n$	$0 < \pi < 1$ $n \in \mathbb{N}$	$n\pi$	$n\pi(1-\pi)$
Hypergeometrische Verteilung $H(n;N;M)$	$\frac{\binom{M}{x}\cdot\binom{N-M}{n-x}}{\binom{N}{n}}$ für $x = \max(n-(N-M)),\ldots,\min(n,M)$	$n,N,M \in \mathbb{N}$ $n,M < N$	$n\pi$	$n\pi(1-\pi)\frac{N-n}{N-1}$
Poisson-Verteilung $Po(\lambda)$	$\frac{\lambda^x}{x!}e^{-\lambda}$ für $x = 0,1,\ldots$	$\lambda > 0$	λ	λ

Für die nicht angeführten Werte $x \in \mathbb{R}$ haben die Wahrscheinlichkeitsfunktionen den Wert Null.

4 AUSGEWÄHLTE STETIGE VERTEILUNGEN VON KONTINUIERLICHEN ZUFALLSVARIABLEN

4.1 Rechteckverteilung R(a;b)

Eine Zufallsvariable X mit der Dichtefunktion

$$f(x) = \begin{cases} \frac{1}{b-a} & \text{für } a \leqq x \leqq b \\ 0 & \text{für } x \text{ sonst} \end{cases} \qquad a < b$$

heißt gleichverteilt oder rechteckverteilt. Die Verteilung bezeichnet man als Rechteckverteilung R(a;b) mit den Scharparametern a und b.

Für diese Zufallsvariable gilt:

$$F(x) = \begin{cases} 0 & \text{für } x < a \\ \int_a^x \frac{1}{b-a}\,dt = \frac{x-a}{b-a} & \text{für } a \leqq x \leqq b \\ 1 & \text{für } x > b \end{cases}$$

$$\begin{aligned} \mu_X = E\{X\} &= \int_{-\infty}^{\infty} x f(x)\,dx \\ &= \int_a^b \frac{x}{b-a}\,dx \\ &= \left[\frac{x^2}{2(b-a)}\right]_a^b \\ &= \frac{b^2 - a^2}{2(b-a)} \\ &= \frac{b+a}{2} \end{aligned}$$

$$\begin{aligned} \sigma_X^2 = V\{X\} &= \int_{-\infty}^{\infty} x^2 f(x)\,dx - \mu_X^2 \\ &= \int_a^b \frac{x^2}{b-a}\,dx - \frac{(b+a)^2}{4} \\ &= \left[\frac{x^3}{3(b-a)}\right]_a^b - \frac{(b+a)^2}{4} \\ &= \frac{b^3 - a^3}{3(b-a)} - \frac{(b+a)^2}{4} \end{aligned}$$

$$= \frac{4(b^3-a^3)-3(b-a)(b+a)^2}{12(b-a)}$$

$$= \frac{4b^3-4a^3-3b^3-3ab^2+3a^2b+3a^3}{12(b-a)}$$

$$= \frac{(b-a)^3}{12(b-a)}$$

$$= \frac{(b-a)^2}{12} .$$

Der Name der Verteilung beruht auf der Gestalt der Dichtefunktion, wie die Abbildung 14 verdeutlicht.

Beispiel 44:

Ein einfaches Beispiel einer gleichverteilten Zufallsvariablen wurde bereits im Abschnitt I.2.2 gegeben, ohne daß der Begriff Rechteckverteilung oder Gleichverteilung dort bereits verwendet wurde (vgl. Beispiel 26):

$$F(x) = \begin{cases} 0 & \text{für } x < 0 \\ \frac{x}{2} & \text{für } 0 \leqq x \leqq 2 \\ 1 & \text{für } x > 2 \end{cases} .$$

Man berechne:

$P(X \leqq 7)$, $P(X < 1{,}5)$, $P(X > 0{,}1)$, $P(X > 3)$, $P(1 < X \leqq 1{,}5)$, $P(0 < X \leqq 2)$.

$$\begin{aligned}
P(X \leqq 7) &= F(7) = 1 \\
P(X < 1{,}5) &= F(1{,}5) = 0{,}75 \\
P(X > 0{,}1) &= 1 - P(X \leqq 0{,}1) \\
&= 1 - F(0{,}1) = 1 - 0{,}05 = 0{,}95 \\
P(X > 3) &= 1 - P(X \leqq 3) \\
&= 1 - F(3) = 1 - 1 = 0 \\
P(1 < X \leqq 1{,}5) &= F(1{,}5) - F(1) \\
&= 0{,}75 - 0{,}50 = 0{,}25 \\
P(0 < X \leqq 2) &= F(2) - F(0) = 1 - 0 = 1 .
\end{aligned}$$

Die Rechteckverteilung kann angewendet werden, wenn eine Zufallsvariable innerhalb eines Intervalls alle Werte annehmen kann, ohne daß von Teilintervallen gleicher Breite eines bevorzugt wird.

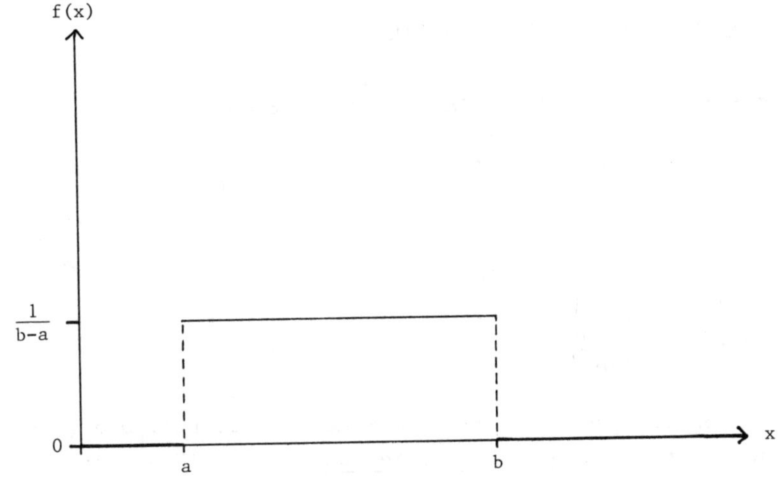

Abb. 14: Dichtefunktion einer rechteckverteilten Zufallsvariablen

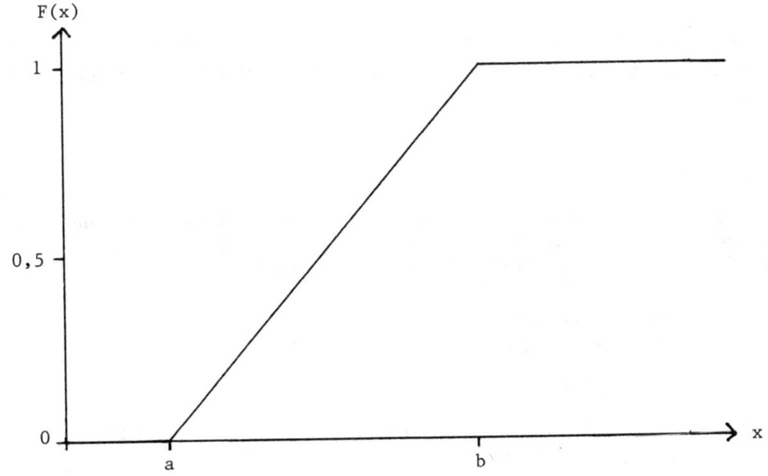

Abb. 15: Verteilungsfunktion einer rechteckverteilten Zufallsvariablen

4.2 Exponentialverteilung Ex(λ)

Eine Zufallsvariable X mit der Dichtefunktion

$$f(x) = \begin{cases} \lambda \cdot e^{-\lambda x} & \text{für } x \geqq 0 \\ 0 & \text{für } x < 0 \end{cases} \qquad \lambda > 0$$

und der resultierenden Verteilungsfunktion

$$F(x) = \begin{cases} 0 & \text{für } x < 0 \\ 1 - e^{-\lambda x} & \text{für } x \geqq 0 \end{cases} \qquad \lambda > 0$$

heißt exponentialverteilt mit dem Scharparameter λ. Die Verteilung nennt man Exponentialverteilung Ex(λ) (Hinweis: e = 2,71828...).

Für eine exponentialverteilte Zufallsvariable gilt:

$$\mu_X = \frac{1}{\lambda} \quad , \quad \sigma_X^2 = \frac{1}{\lambda^2} \; .$$

Typische Beispiele für exponentialverteilte Zufallsvariablen sind die Dauer von Telefongesprächen und von Reparaturen von Produkten.

Beispiel 45:

Die Dauer von Telefongesprächen innerhalb eines Betriebes sei eine exponentialverteilte Zufallsvariable mit dem Mittelwert 5 (Minuten).
Wie groß ist die Wahrscheinlichkeit, daß ein zufällig ausgewähltes Gespräch

a) weniger als 10 Minuten,
b) länger als 5 Minuten dauert?

$\mu_X = 5 = \frac{1}{\lambda}$, $\lambda = \frac{1}{5} = 0,2$

a) $P(X \leqq 10) = F(10) = 1 - e^{-0,2 \cdot 10} = 1 - e^{-2} = 1 - 0,1353 = 0,8647$

b) $P(X > 5) = 1 - P(X \leqq 5) = 1 - F(5) = 1 - (1 - e^{-0,2 \cdot 5}) = e^{-1} = 0,3679$.

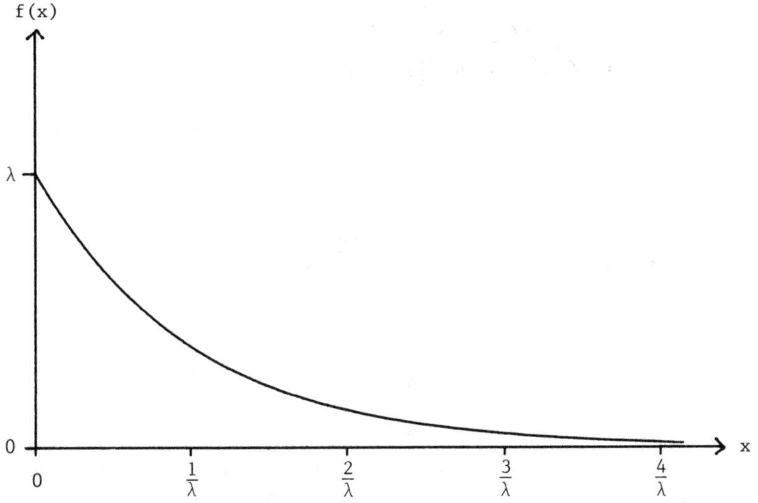

Abb. 16: Dichtefunktion einer exponentialverteilten Zufallsvariablen

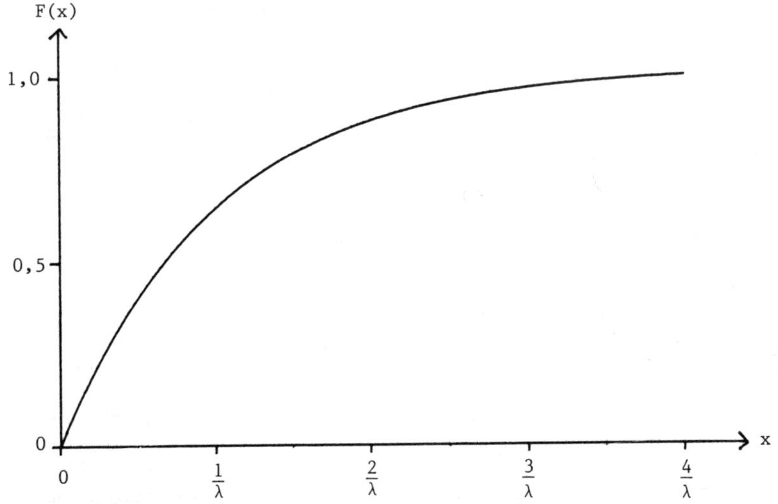

Abb. 17: Verteilungsfunktion einer exponentialverteilten Zufallsvariablen

4.3 Normalverteilung $N(\mu;\sigma^2)$

Eine Zufallsvariable X mit der Dichtefunktion

$$f(x) = f(x|\mu;\sigma^2) = \frac{1}{\sqrt{2\pi}\,\sigma}\, e^{-\frac{(x-\mu)^2}{2\sigma^2}} \qquad x \in \mathbb{R},$$

heißt normalverteilt mit den Scharparametern μ und σ^2 ($\mu \in \mathbb{R}$, $\sigma^2 > 0$), kurz $N(\mu;\sigma^2)$-verteilt, die Verteilung bezeichnet man als (allgemeine) Normalverteilung $N(\mu;\sigma^2)$. Die Dichtefunktion der Normalverteilung wird in Anlehnung an Untersuchungen von Gauß auch als Gaußsche Glockenkurve bezeichnet (Hinweis: $\pi = 3{,}14159\ldots$).

Die Verteilungsfunktion einer normalverteilten Zufallsvariablen wird üblicherweise in Integraldarstellung angegeben:

$$F(x) = F(x|\mu;\sigma^2) = P(X \leqq x) = \int_{-\infty}^{x} \frac{1}{\sqrt{2\pi}\,\sigma}\, e^{-\frac{(t-\mu)^2}{2\sigma^2}}\, dt.$$

Für eine normalverteilte Zufallsvariable gilt:

$$\mu_X = \mu\,, \qquad \sigma_X^2 = \sigma^2\,.$$

Die Scharparameter sind zugleich die Funktionalparameter Mittelwert und Varianz.

$$\begin{aligned} f(\mu-x) &= \frac{1}{\sqrt{2\pi}\,\sigma}\, e^{-\frac{(\mu-x-\mu)^2}{2\sigma^2}} \\ &= \frac{1}{\sqrt{2\pi}\,\sigma}\, e^{-\frac{(\mu+x-\mu)^2}{2\sigma^2}} \\ &= f(\mu+x)\,. \end{aligned}$$

Die Dichtefunktion der Normalverteilung ist symmetrisch um μ und nimmt für $x = \mu$ ihr Maximum an ($f(\mu) = \frac{0{,}3989}{\sigma}$); an den Stellen $x = \mu \pm \sigma$ hat die Dichtefunktion Wendepunkte. $F(\mu)$ ist 0,5.

Beispiel 46: Dichtefunktion und Verteilungsfunktion einer N(2;1)-verteilten Zufallsvariablen für $x \in \mathbb{R}$:

$$f(x) = \frac{1}{\sqrt{2\pi}} e^{-\frac{(x-2)^2}{2}}$$

$$F(x) = \int_{-\infty}^{x} \frac{1}{\sqrt{2\pi}} e^{-\frac{(t-2)^2}{2}} dt$$

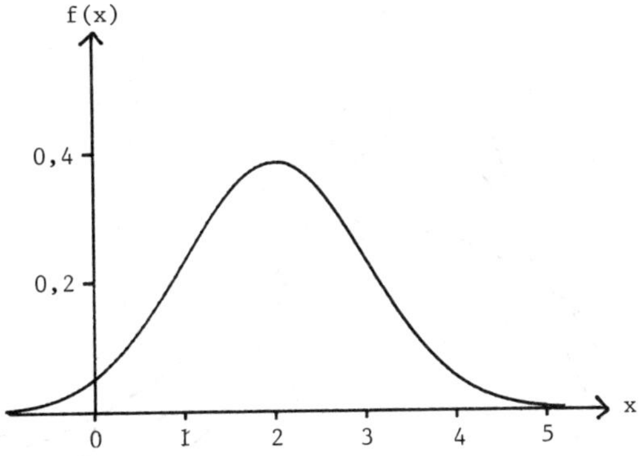

Abb. 18: Dichtefunktion einer N(2;1)-verteilten Zufallsvariablen

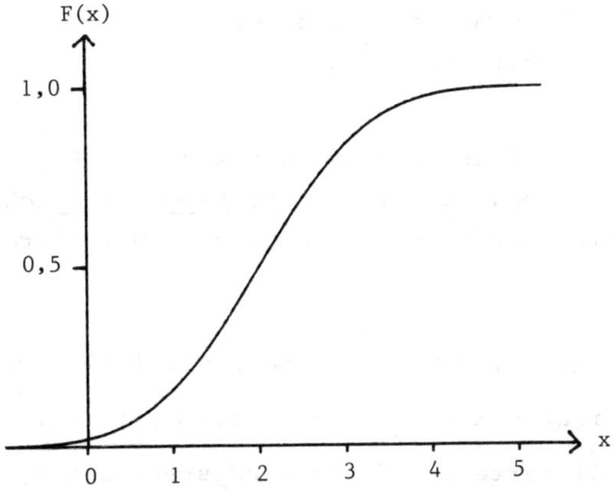

Abb. 19: Verteilungsfunktion einer N(2;1)-verteilten Zufallsvariablen

Bei gegebenem μ führt eine Vergrößerung (Verkleinerung) des Parameters σ^2 zu einer flacheren (steileren) Dichtefunktion, das Maximum der Dichtefunktion wird kleiner (größer), vgl. Abb. 20. Eine Veränderung von μ führt bei konstantem σ^2 zu einer Verschiebung der Dichtefunktion auf der Abszisse.

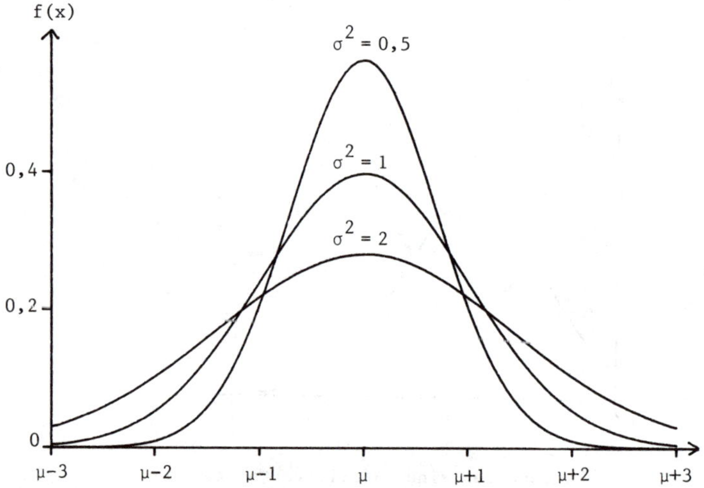

Abb. 20: Dichtefunktion von drei normalverteilten Zufallsvariablen mit demselben Mittelwert und unterschiedlicher Varianz

Eine für die schließende Statistik äußerst wichtige Eigenschaft der Normalverteilung ist die Reproduktionseigenschaft dieser Verteilung, die hier in vereinfachter Form wiedergegeben wird:

Sind $X_1,\ldots,X_n$ unabhängige, $N(\mu;\sigma^2)$-verteilte Zufallsvariable, so ist die Zufallsvariable $X = \sum_{i=1}^{n} a_i \cdot X_i$ $(a_i \in \mathbb{R},\ i=1,\ldots,n)$ $N(\mu \cdot \sum_{i=1}^{n} a_i;\ \sigma^2 \cdot \sum_{i=1}^{n} a_i^2)$-verteilt, falls mindestens ein $a_i \neq 0$ ist.

Weiter gilt: Ist X eine $N(\mu;\sigma^2)$-verteilte Zufallsvariable, so ist die Zufallsvariable $Y = a+bX$ $(a,b \in \mathbb{R},\ b \neq 0)$ $N(a+b\cdot\mu, b^2\sigma^2)$-verteilt.

Beispiel 47:

X_1, X_2, X_3 seien unabhängige, N(2;4)-verteilte Zufallsvariablen.
Man gebe die Verteilung von

$$X = X_1 + X_2 + X_3$$

und die Verteilung von

$$\bar{X} = \frac{1}{3}(X_1 + X_2 + X_3)$$

an.

X ist N(6;12)-verteilt, $\bar{X}$ ist $N(2;\frac{4}{3})$-verteilt.

Bei stetigen Zufallsvariablen und damit auch bei normalverteilten Zufallsvariablen X wird nach Wahrscheinlichkeiten dafür gefragt, daß X in einem Intervall liegt.

$$\begin{aligned} P(X \leq x_2) &= F(x_2) \\ P(X > x_1) &= 1 - P(X \leq x_1) = 1 - F(x_1) \\ P(x_1 \leq X \leq x_2) &= P(X \leq x_2) - P(X \leq x_1) \\ &= F(x_2) - F(x_1) \end{aligned}$$

Wegen der Stetigkeit der Zufallsvariablen spielt es für die Rechnung keine Rolle, ob die Gleichheitszeichen bei den Intervallen einbezogen sind oder nicht. Die gesuchten Wahrscheinlichkeiten lassen sich unter Berücksichtigung von x_1 und x_2 als Fläche zwischen Dichtefunktion und Abszisse darstellen (vgl. Abb. 21).

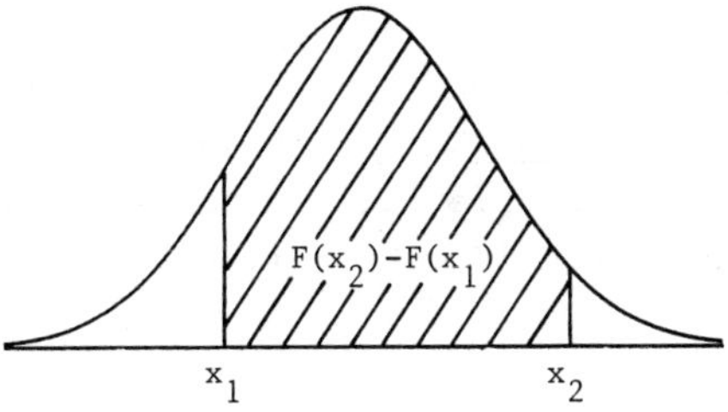

Abb. 21: Zur Berechnung von $P(x_1 \leq X \leq x_2)$ bei normalverteilten Zufallsvariablen

Das Intervall $[x_1;x_2]$ in der Wahrscheinlichkeitsaussage $P(x_1 \leq X \leq x_2)$ bezeichnet man als Schwankungsintervall. Von einem zentralen Schwankungsintervall $[x_1;x_2]$ spricht man, falls $P(X < x_1) = P(X > x_2)$ gilt, d.h. daß die Wahrscheinlichkeit dafür, daß ein Wert auftritt, der unterhalb des Intervalls liegt, gleich der Wahrscheinlichkeit dafür ist, daß ein Wert auftritt, der oberhalb des Intervalls liegt.

Bei der Normalverteilung ist das Intervall $[\mu-a;\mu+a]$ $(a \in \mathbb{R}^+)$ wegen der Symmetrie der Verteilung um μ ein zentrales Schwankungsintervall, wie man sich leicht mit Hilfe der Abbildung der Dichtefunktion veranschaulichen kann.

Bis jetzt ist noch keine Wahrscheinlichkeit für eine normalverteilte Zufallsvariable berechnet worden, da die Verteilungsfunktion nicht in einfacher geschlossener Form angegeben werden kann. Die übliche Darstellung wäre jetzt die Wiedergabe der Verteilungsfunktion in tabellarischer Form für verschiedene Werte der Scharparameter. Ein möglicher Fall wäre die Wahl der Parameter $\mu = 0$ und $\sigma^2 = 1$.

Im folgenden Abschnitt wird gezeigt, daß die Verteilungsfunktion einer $N(\mu;\sigma^2)$-verteilten Zufallsvariablen auf die Verteilungsfunktion einer $N(0;1)$-verteilten Zufallsvariablen zurückgeführt werden kann.

4.4 Standardnormalverteilung N(0;1)

Die Normalverteilung mit den Scharparametern $\mu = 0$ und $\sigma^2 = 1$ wird Standardnormalverteilung N(0;1) genannt. Eine standardnormalverteilte Zufallsvariable wird im folgenden mit U, ihre Dichtefunktion mit $\varphi(u)$ und ihre Verteilungsfunktion mit $\Phi(u)$ bezeichnet.

Es gilt:

$$\varphi(u) = \frac{1}{\sqrt{2\pi}} e^{-\frac{u^2}{2}} \qquad u \in \mathbb{R}$$

$$\Phi(u) = P(U \leqq u) = \int_{-\infty}^{u} \frac{1}{\sqrt{2\pi}} e^{-\frac{t^2}{2}} dt \quad \text{(vgl. Tabelle 4)}$$

$$\mu_U = 0 , \quad \sigma_U^2 = 1$$

$$\varphi(u) = \frac{1}{\sqrt{2\pi}} e^{-\frac{u^2}{2}} = \frac{1}{\sqrt{2\pi}} e^{-\frac{(-u)^2}{2}} = \varphi(-u) \qquad u \in \mathbb{R}$$

(Symmetrie von φ um Null)

$\Phi(u) = 1 - \Phi(-u)$, wegen der Symmetrie von φ.

In Analogie zur allgemeinen Normalverteilung können Wahrscheinlichkeiten für Intervalle mit Hilfe von Φ dargestellt werden:

$$P(U \leqq u_2) = \Phi(u_2)$$
$$P(U > u_1) = 1 - P(U \leqq u_1) = 1 - \Phi(u_1)$$
$$P(u_1 < U \leqq u_2) = P(U \leqq u_2) - P(U \leqq u_1) = \Phi(u_2) - \Phi(u_1) .$$

Für das zentrale Schwankungsintervall gilt unter Berücksichtigung von $\mu = 0$ für $a \in \mathbb{R}^+$:

$$\begin{aligned} P(-a \leqq U \leqq a) &= \Phi(a) - \Phi(-a) \\ &= \Phi(a) - (1 - \Phi(a)) \\ &= 2 \cdot \Phi(a) - 1 . \end{aligned}$$

Beispiel 48: Für eine N(0;1)-verteilte Zufallsvariable U bestimme man: $P(U \leqq 0)$, $P(U > 1)$, $P(0 < U \leqq 1)$, $P(-2 < U < 2)$.

$$\begin{aligned} P(U \leqq 0) &= \Phi(0) = 0{,}5 \\ P(U > 1) &= 1 - \Phi(1) = 1 - 0{,}8413 = 0{,}1587 \\ P(0 < U \leqq 1) &= \Phi(1) - \Phi(0) \\ &= 0{,}8413 - 0{,}5000 \\ &= 0{,}3413 \\ P(-2 < U < 2) &= 2 \cdot \Phi(2) - 1 \\ &= 2 \cdot 0{,}9772 - 1 \\ &= 0{,}9544 . \end{aligned}$$

Im Gegensatz zu den oben betrachteten Familien von Verteilungen, bei denen keine Parameterwahl hervorgehoben wurde, ist

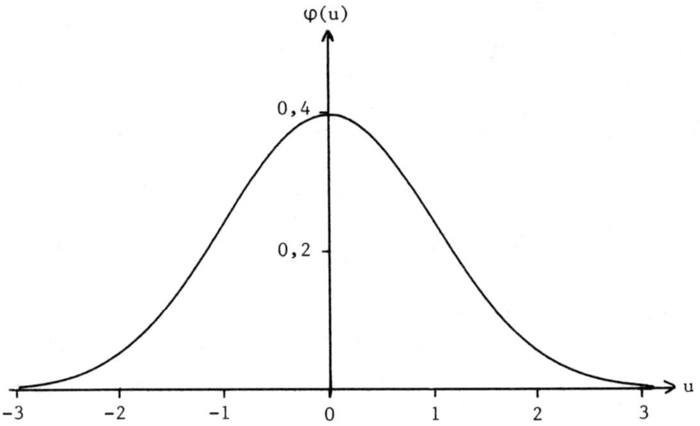

Abb. 22: Dichtefunktion der Standardnormalverteilung

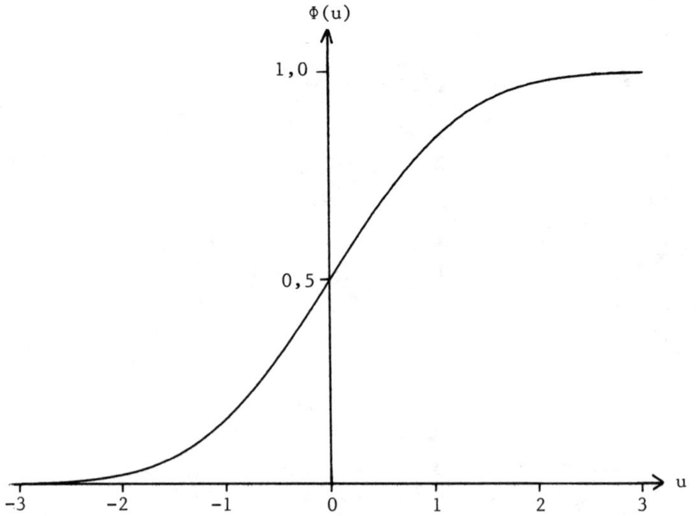

Abb. 23: Verteilungsfunktion der Standardnormalverteilung

hier aus der Familie der Normalverteilungen die Standardnormalverteilung besonders betrachtet worden. Dies hat seinen Grund darin, daß man bei der Berechnung der Werte der Verteilungsfunktion einer $N(\mu;\sigma^2)$-verteilten Zufallsvariablen - wie unten gezeigt wird - auf die Verteilungsfunktion einer $N(0;1)$-verteilten Zufallsvariablen zurückgreifen kann. Es genügt daher, die Standardnormalverteilung zu tabellieren (vgl. Tabelle 4).

Es sei X eine $N(\mu;\sigma^2)$-verteilte Zufallsvariable. Dann ist $U = \frac{X-\mu}{\sigma}$ - die Zufallsvariable, die durch Standardisierung aus X entsteht - $N(0;1)$-verteilt. Umgekehrt gilt: Falls U $N(0;1)$-verteilt ist, ist $X = \mu + \sigma U$ $N(\mu;\sigma^2)$-verteilt.

Es gilt weiter:

$$f(x) = \frac{1}{\sqrt{2\pi}\,\sigma}\, e^{-\frac{(x-\mu)^2}{2\sigma^2}}$$

$$= \frac{1}{\sigma}\frac{1}{\sqrt{2\pi}}\, e^{-(\frac{x-\mu}{\sigma})^2 \cdot \frac{1}{2}}$$

$$\boxed{= \frac{1}{\sigma}\,\varphi(\frac{x-\mu}{\sigma})} \qquad x \in \mathbb{R},$$

bzw.

$$\varphi(\frac{x-\mu}{\sigma}) = \sigma f(x) \qquad x \in \mathbb{R},$$

$$F(x) = P(X \leqq x)$$

$$= P(X - \mu \leqq x - \mu)$$

$$= P(\frac{X-\mu}{\sigma} \leqq \frac{x-\mu}{\sigma})$$

$$= P(U \leqq \frac{x-\mu}{\sigma})$$

$$\boxed{= \Phi(\frac{x-\mu}{\sigma})} \qquad x \in \mathbb{R}.$$

<u>Beispiel 49</u>: Sei X $N(4;9)$-verteilt. Man berechne: $P(X \leqq 4)$, $P(X \leqq 7)$, $P(-7 \leqq X \leqq 7)$.

$$P(X \leqq 4) = F(4) = \Phi(\frac{4-4}{3}) = \Phi(0) = 0{,}5000$$

$$P(X \leqq 7) = F(7) = \Phi(\frac{7-4}{3}) = \Phi(1) = 0{,}8413$$

$$
\begin{aligned}
P(-7 \leq X \leq 7) &= F(7) - F(-7) \\
&= \Phi(\tfrac{7-4}{3}) - \Phi(\tfrac{-7-4}{3}) \\
&= \Phi(1) - \Phi(-\tfrac{11}{3}) \\
&= 0{,}8413 - (1 - \Phi(\tfrac{11}{3})) \\
&= 0{,}8413 - 1 + 0{,}9999 \\
&= 0{,}8412\,.
\end{aligned}
$$

Das Gewicht von 100 kg - Säcken Kaffee sei normalverteilt mit $\mu = 100$ (kg) und $\sigma^2 = 4$ (kg)^2.

Wie groß ist die Wahrscheinlichkeit, daß ein zufällig ausgewählter Sack Kaffee weniger als 98 kg wiegt?

X N(100;4)-verteilt.

$$
\begin{aligned}
P(X < 98) &= F(98) \\
&= \Phi(\tfrac{98-100}{2}) \\
&= \Phi(-1) \\
&= 1 - \Phi(1) \\
&= 1 - 0{,}8413 \\
&= 0{,}1587\,.
\end{aligned}
$$

Bei wieviel von 1000 Säcken Kaffee kann man ein Gewicht von weniger als 98 kg erwarten?

Unter der Annahme, daß das Gewicht der einzelnen Kaffeesäcke voneinander unabhängig ist, kann man die Lösung durch den Erwartungswert einer binomialverteilten Zufallsvariablen mit $\pi = 0{,}1587$, $n = 1000$ erhalten.

15,87% aller Kaffeesäcke wiegen weniger als 98 kg, das ergibt bei 1000 Säcken einen Erwartungswert von (aufgerundet) 159 Stück.

Für Schwankungsintervalle bzw. für zentrale Schwankungsintervalle einer $N(\mu;\sigma^2)$-verteilten Zufallsvariablen gilt:

$$
\begin{aligned}
P(x_1 \leq X \leq x_2) &= F(x_2) - F(x_1) \\
&= \Phi(\tfrac{x_2-\mu}{\sigma}) - \Phi(\tfrac{x_1-\mu}{\sigma})\,,
\end{aligned}
$$

$$
\begin{aligned}
P(\mu-a \leq X \leq \mu+a) &= F(\mu+a) - F(\mu-a) \\
&= \Phi(\tfrac{\mu+a-\mu}{\sigma}) - \Phi(\tfrac{\mu-a-\mu}{\sigma}) \\
&= \Phi(\tfrac{a}{\sigma}) - \Phi(-\tfrac{a}{\sigma}) \\
&= 2\Phi(\tfrac{a}{\sigma}) - 1 \qquad a \in \mathbb{R}^+.
\end{aligned}
$$

<u>Beispiel 50</u>: Sei X $N(4;9)$-verteilt. Man berechne:
$P(2 \leq X \leq 6)$, $P(1 \leq X \leq 7)$, $P(-1 \leq X \leq 1)$.

Da $\mu = 4$ ist, handelt es sich offenbar in den ersten beiden Fällen um zentrale Schwankungsintervalle (mit a = 2 bzw. a = 3).

$$\begin{aligned} P(2 \leq X \leq 6) &= 2\Phi(\tfrac{2}{3}) - 1 \\ &= 2 \cdot 0{,}7475 - 1 \\ &= 0{,}4950 \end{aligned}$$

$$\begin{aligned} P(1 \leq X \leq 7) &= 2\Phi(\tfrac{3}{3}) - 1 \\ &= 2 \cdot 0{,}8413 - 1 \\ &= 0{,}6826 \end{aligned}$$

$$\begin{aligned} P(-1 \leq X \leq 1) &= \Phi(\tfrac{1-4}{3}) - \Phi(\tfrac{-1-4}{3}) \\ &= \Phi(-1) - \Phi(-\tfrac{5}{3}) \\ &= 1 - \Phi(1) - (1 - \Phi(\tfrac{5}{3})) \\ &= 1 - 0{,}8413 - (1 - 0{,}9522) \\ &= 0{,}1587 - 0{,}0478 = 0{,}1109\,. \end{aligned}$$

Insbesondere gilt für eine $N(\mu;\sigma^2)$-verteilte Zufallsvariable

$$\begin{aligned} P(\mu-\sigma \leq X \leq \mu+\sigma) &= \Phi(\tfrac{\mu+\sigma-\mu}{\sigma}) - \Phi(\tfrac{\mu-\sigma-\mu}{\sigma}) \\ &= \Phi(1) - \Phi(-1) \\ &= \Phi(1) - (1 - \Phi(1)) \\ &= 2\Phi(1) - 1 \\ &= 0{,}6826 \end{aligned}$$

$$\begin{aligned} P(\mu-2\sigma \leq X \leq \mu+2\sigma) &= 2\Phi(2) - 1 \\ &= 0{,}9544 \end{aligned}$$

$$\begin{aligned} P(\mu-3\sigma \leq X \leq \mu+3\sigma) &= 2\Phi(3) - 1 \\ &= 0{,}9974 \end{aligned}$$

(vgl. Abb. 24).

Die Wahrscheinlichkeit dafür, daß eine $N(\mu;\sigma^2)$-verteilte Zufallsvariable im 1σ-Bereich (2σ-Bereich, 3σ-Bereich) um μ liegt, ist 0,6826 (0,9544; 0,9974).

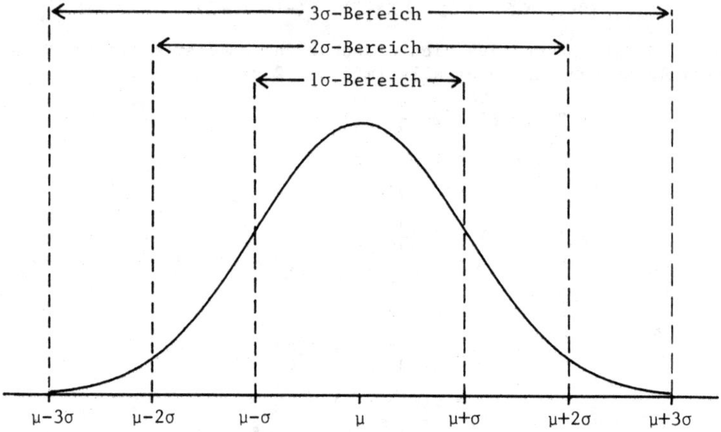

Abb. 24: Zentrale Schwankungsintervalle einer $N(\mu;\sigma^2)$-verteilten Zufallsvariablen für $a = \sigma$, $a = 2\sigma$ und $a = 3\sigma$.

Abschließend seien hier die Regeln für das Bestimmen der Wahrscheinlichkeiten normalverteilter Zufallsvariablen bei Verwendung der Verteilungsfunktion $\Phi(u)$ zusammengestellt.

Sei X $N(\mu;\sigma^2)$-verteilt und U $N(0;1)$-verteilt:

1. $$P(U < u) = P(U \leqq u) = \Phi(u)$$
$$P(X < x) = P(X \leqq x) = F(x) = \Phi(\frac{x-\mu}{\sigma}).$$

Bei Verwendung von Tabelle 4:

$$P(U \leqq u) = \begin{cases} \Phi(u) & \text{für } u \geqq 0 \\ 1-\Phi(-u) & \text{für } u < 0 \end{cases}$$

$$P(X \leqq x) = \begin{cases} \Phi(\frac{x-\mu}{\sigma}) & \text{für } \frac{x-\mu}{\sigma} \geqq 0 \\ 1-\Phi(-\frac{x-\mu}{\sigma}) & \text{für } \frac{x-\mu}{\sigma} < 0 . \end{cases}$$

2. $$P(u_1 \leqq U \leqq u_2) = P(u_1 < U < u_2) = \Phi(u_2) - \Phi(u_1)$$
$$P(x_1 \leqq X \leqq x_2) = P(x_1 < X < x_2) = F(x_2) - F(x_1)$$
$$= \Phi(\frac{x_2-\mu}{\sigma}) - \Phi(\frac{x_1-\mu}{\sigma})$$

(weiter vgl. 1.).

4.5 χ^2-Verteilung $\chi^2(\nu)$

Die drei folgenden stetigen Verteilungen werden bei den Schätz- und Testverfahren als Verteilungen von Funktionen unabhängiger Zufallsvariablen Verwendung finden. Sie werden der Vollständigkeit halber in diesem Abschnitt I.4 angeführt.

Eine Zufallsvariable X mit der Dichtefunktion

$$f(x) = \begin{cases} \dfrac{1}{2^{\frac{\nu}{2}}\,\Gamma(\frac{\nu}{2})}\, x^{\frac{\nu}{2}-1}\, e^{-\frac{x}{2}} & \text{für } x > 0 \\ 0 & \text{für } x \leqq 0 \end{cases}$$

heißt χ^2-verteilt mit ν Freiheitsgraden ($\nu \in \mathbb{N}$). ν ist der Scharparameter der χ^2-Verteilung $\chi^2(\nu)$ (Chi-Quadrat-Verteilung, vgl. Abb. 25).

Dabei ist

$$\Gamma(\tfrac{\nu}{2}) = \int_0^\infty e^{-x}\, x^{\frac{\nu}{2}-1}\, dx\,,$$

$$\Gamma(\tfrac{\nu}{2}) = (\tfrac{\nu}{2}-1)\,\Gamma(\tfrac{\nu}{2}-1)\,,$$

$$\Gamma(1) = 1 \qquad \text{(Gammafunktion)}.$$

Es gilt:

$$\mu_X = \nu\,,$$

$$\sigma_X^2 = 2\nu\,.$$

Falls $U_1,\ldots,U_n$ stochastisch unabhängige, $N(0;1)$-verteilte Zufallsvariablen sind, dann ist die Zufallsvariable

$X = \sum_{i=1}^{n} U_i^2$ χ^2-verteilt mit n Freiheitsgraden.

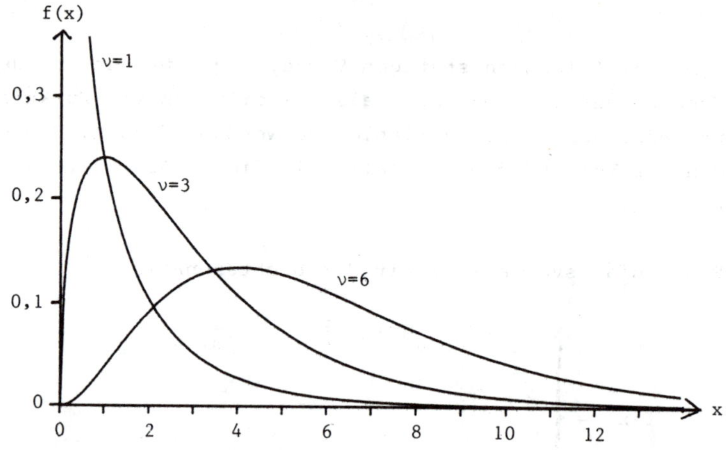

Abb. 25: Dichtefunktion der χ^2-Verteilung für ausgewählte ν

4.6 t-Verteilung t(ν)

Eine Zufallsvariable X mit der Dichtefunktion

$$f(x) = \frac{\Gamma(\frac{\nu+1}{2})}{\Gamma(\frac{\nu}{2})\sqrt{\pi\nu}} \left(1+\frac{x^2}{\nu}\right)^{-\frac{\nu+1}{2}} \qquad x \in \mathbb{R}$$

heißt t-verteilt mit ν Freiheitsgraden ($\nu \in \mathbb{N}$). Die Verteilung nennt man t-Verteilung t(ν) mit dem Scharparameter ν (vgl. Abb. 26).

Es gilt:

$\mu_X = 0$, falls $\nu \geq 2$

$\sigma_X^2 = \frac{\nu}{\nu-2}$, falls $\nu \geq 3$

$F(x) = 1 - F(-x)$ (Symmetrieeigenschaft der t-Verteilung um Null).

Falls U eine standardnormalverteilte Zufallsvariable und Z eine davon stochastisch unabhängige $\chi^2(\nu)$-verteilte Zufallsvariable ist, so ist die Zufallsvariable $X = \frac{U}{\sqrt{\frac{Z}{\nu}}}$ t-verteilt mit ν Freiheitsgraden.

Die Verteilung konvergiert für $\nu \to \infty$ gegen die Standardnormalverteilung. Hinreichende Approximation für $\nu > 40$:
$F(x) \doteq \Phi(x)$.

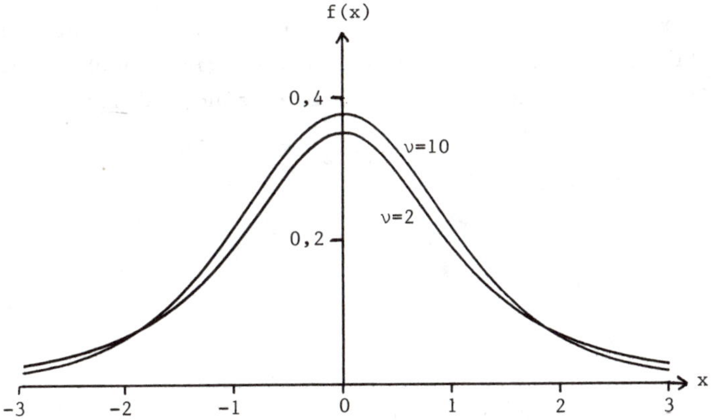

Abb. 26: Dichtefunktion der t-Verteilung für ausgewählte ν

4.7 F-Verteilung $F(\nu_1,\nu_2)$

Die Zufallsvariable X mit der Dichtefunktion

$$f(x) = \begin{cases} \dfrac{\Gamma(\frac{\nu_1+\nu_2}{2})}{\Gamma(\frac{\nu_1}{2})\cdot\Gamma(\frac{\nu_2}{2})} \left(\dfrac{\nu_1}{\nu_2}\right)^{\frac{\nu_1}{2}} x^{\frac{\nu_1}{2}-1} \left(1+\dfrac{\nu_1}{\nu_2}x\right)^{-\frac{\nu_1+\nu_2}{2}} & \text{für } x > 0 \\ 0 & \text{für } x \leqq 0 \end{cases}$$

heißt F-verteilt mit ν_1, ν_2 Freiheitsgraden ($\nu_1, \nu_2 \in \mathbb{N}$). Die Verteilung nennt man F-Verteilung $F(\nu_1, \nu_2)$ mit den Scharparametern ν_1 und ν_2 (vgl. Abb. 27).

Es gilt:

$$\mu_X = \frac{\nu_2}{\nu_2 - 2} \quad , \text{falls } \nu_2 \geq 3$$

$$\sigma_X^2 = \frac{2\nu_2^2(\nu_1+\nu_2-2)}{\nu_1(\nu_2-2)^2(\nu_2-4)} \quad , \text{falls } \nu_2 \geq 5 \; .$$

Ist X $F(\nu_1, \nu_2)$-verteilt, so ist $\frac{1}{X}$ $F(\nu_2, \nu_1)$-verteilt. Falls X_1 und X_2 stochastisch unabhängige, nach $\chi^2(\nu_1)$- bzw. $\chi^2(\nu_2)$-verteilte Zufallsvariablen sind, so ist die Zufallsvariable $X = \frac{X_1}{\nu_1} : \frac{X_2}{\nu_2}$ $F(\nu_1, \nu_2)$-verteilt.

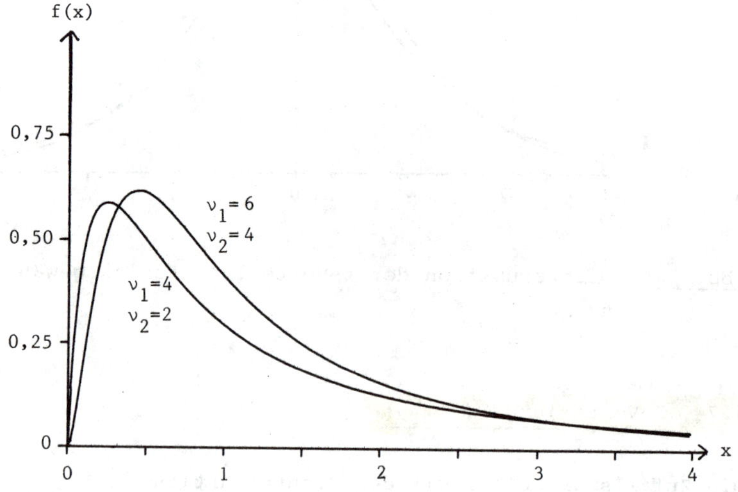

Abb. 27: Dichtefunktion der F-Verteilung für ausgewählte ν_1, ν_2

4.8 Quantile stetiger Verteilungen

Bereits im Abschnitt I.2.3 wurde das p-Quantil einer Verteilung definiert. Sei F eine stetige Verteilungsfunktion, dann wird x_p als p-Quantil von F bezeichnet, sofern

$$F(x_p) = P(X \leqq x_p) = p \qquad 0 < p < 1$$

gilt.

p-Quantile der Normalverteilung, der χ^2-Verteilung, der t-Verteilung und der F-Verteilung werden in der induktiven Statistik vor allem beim Schätzen und Testen verwendet. Übersicht 2 faßt zu diesen Verteilungen die Benennung der p-Quantile und Möglichkeiten ihrer Bestimmung mit Hilfe der Tabellen im Anhang zusammen:

Übersicht 2: Benennung und Berechnung der p-Quantile ausgewählter Verteilungen

Verteilung	p-Quantil	Berechnung
$N(0;1)$	u_p	Tabelle 4b
$N(\mu;\sigma^2)$	x_p	$x_p = \mu + \sigma \cdot u_p$
$\chi^2(\nu)$	$\chi^2_{p;\nu}$	Tabelle 5
$t(\nu)$	$t_{p;\nu}$	Tabelle 6
$F(\nu_1,\nu_2)$	$F_{p;\nu_1,\nu_2}$	Tabelle 7

Beispiel 51:

Man bestimme für p = 0,99 und p = 0,95 die p-Quantile einer N(0;1)-, N(4;9)-, $\chi^2(10)$-, t(10)-, F(10,10)-verteilten Zufallsvariablen.

$u_{0,99} = 2,3263$

$x_{0,99} = \mu + \sigma \cdot u_{0,99} = 4 + 3 \cdot 2,3263 = 10,9789$

$\chi^2_{0,99;10} = 23,21$

$t_{0,99;10} = 2,77$

$F_{0,99;10,10} = 4,85$

$u_{0,95} = 1,6449$

$x_{0,95} = \mu + \sigma \cdot u_{0,95} = 4 + 3 \cdot 1,6449 = 8,9347$

$\chi^2_{0,95;10} = 18,31$

$t_{0,95;10} = 1,81$

$F_{0,95;10,10} = 2,98$

Für ein zentrales Schwankungsintervall einer $N(\mu;\sigma^2)$-verteilten Zufallsvariablen gilt:

$$P(\mu-a \leqq X \leqq \mu+a) = 2\Phi(\tfrac{a}{\sigma}) - 1 \qquad a \in \mathbb{R}.$$

Sei die Wahrscheinlichkeit dafür, daß die Zufallsvariable X in das Intervall $[\mu-a;\mu+a]$ fällt, gleich $1-\alpha$ $(0 < a < 1)$, so kann man das a bestimmen, das die Bedingung

$$P(\mu-a \leqq X \leqq \mu+a) = 1 - \alpha$$

erfüllt.

Es gilt:

$$P(\mu-a \leqq X \leqq \mu+a) = 2\Phi(\tfrac{a}{\sigma}) - 1 = 1 - \alpha .$$

cuando?

Daraus folgt:

$$\begin{aligned} 2\Phi(\tfrac{a}{\sigma}) - 1 &= 1 - \alpha \\ 2\Phi(\tfrac{a}{\sigma}) &= 2 - \alpha \\ \Phi(\tfrac{a}{\sigma}) &= 1 - \tfrac{\alpha}{2} \quad , \end{aligned}$$

woraus sich mit der Definition des p-Quantils $(\Phi(u_p) = p)$ und $p = 1 - \frac{\alpha}{2}$ sowie

$$\frac{a}{\sigma} = u_{1-\alpha/2}$$

$$a = \sigma \cdot u_{1-\alpha/2}$$

ergibt.

Es gilt nun:

$$P(\mu - u_{1-\alpha/2} \cdot \sigma \leqq X \leqq \mu + u_{1-\alpha/2} \cdot \sigma) = 1 - \alpha .$$

$[\mu - u_{1-\alpha/2} \cdot \sigma; \mu + u_{1-\alpha/2} \cdot \sigma]$ bezeichnet man als zentrales $(1-\alpha)$-Schwankungsintervall der $N(\mu;\sigma^2)$-Verteilung. Analog gibt $[-u_{1-\alpha/2}; u_{1-\alpha/2}]$ das zentrale $(1-\alpha)$-Schwankungsintervall der Standardnormalverteilung an (vgl. Abb. 28). Da es sich um stetige Zufallsvariablen handelt, ändert sich an der Darstellung nichts, wenn die Intervalle (halb-)offen sind.

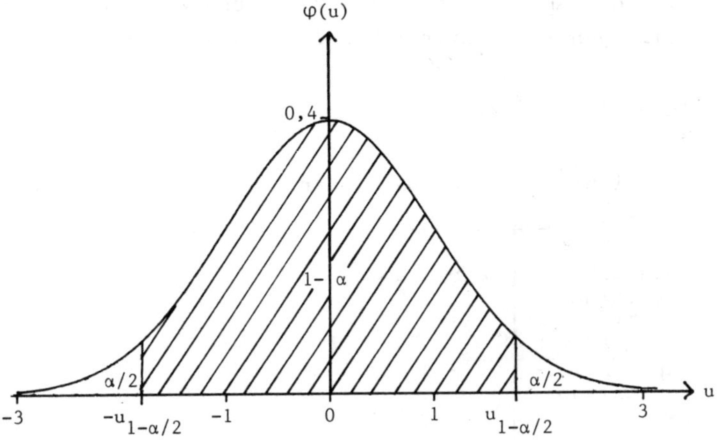

Abb. 28: Zentrales (1-α)-Schwankungsintervall der Standardnormalverteilung

Beispiel 52:

Man bestimme zentrale Schwankungsintervalle einer N(0;1)- sowie einer N(4;9)-verteilten Zufallsvariablen für α = 0,01 und α = 0,05.

$\alpha = 0{,}01 \qquad 1-\alpha = 0{,}99 \qquad 1-\frac{\alpha}{2} = 0{,}995$

$u_{1-\alpha/2} = u_{0,995} = 2{,}5758$

$\mu - u_{1-\alpha/2}\cdot\sigma = 4 - 2{,}5758\cdot 3 = -3{,}7274$

$\mu + u_{1-\alpha/2}\cdot\sigma = 4 + 2{,}5758\cdot 3 = 11{,}7274$

Gesuchte Intervalle:

[-2,5758;2,5758] bzw. [-3,7274;11,7274]

$\alpha = 0{,}05 \qquad 1-\alpha = 0{,}95 \qquad 1-\frac{\alpha}{2} = 0{,}975$

$u_{1-\alpha/2} = 1{,}9600$

$\mu - u_{1-\alpha/2}\cdot\sigma = 4 - 1{,}9600\cdot 3 = -1{,}8800$

$\mu + u_{1-\alpha/2}\cdot\sigma = 4 + 1{,}9600\cdot 3 = 9{,}8800$

Gesuchte Intervalle:

[-1,9600;1,9600] bzw. [-1,8800;9,8800] .

Ziel des Abschnitts I.4: Darstellung wichtiger stetiger Verteilungen kontinuierlicher Zufallsvariablen.

Inhalt:

Verteilung	Scharparameter	Funktionalparameter $E\{X\}$	$V\{X\}$
Rechteckverteilung $R(a;b)$	$a,b \quad a<b$	$\frac{b+a}{2}$	$\frac{(b-a)^2}{12}$
Exponentialverteilung $Ex(\lambda)$	$\lambda > 0$	$\frac{1}{\lambda}$	$\frac{1}{\lambda^2}$
Normalverteilung $N(\mu;\sigma^2)$	$\mu \in \mathbb{R},\ \sigma^2 > 0$	μ	σ^2
Standardnormalverteilung $N(0;1)$	-	0	1
χ^2-Verteilung $\chi^2(\nu)$	$\nu \in \mathbb{N}$	ν	2ν
t-Verteilung $t(\nu)$	$\nu \in \mathbb{N}$	0 falls $\nu \geqq 2$	$\frac{\nu}{\nu-2}$ falls $\nu \geqq 3$
F-Verteilung $F(\nu_1,\nu_2)$	$\nu_1,\nu_2 \in \mathbb{N}$	$\frac{\nu_2}{\nu_2-2}$ falls $\nu_2 \geqq 3$	$\frac{2\nu_2^2(\nu_1+\nu_2-2)}{\nu_1(\nu_2-2)^2(\nu_2-4)}$ falls $\nu_2 \geqq 5$

5 UNGLEICHUNGEN UND GRENZWERTSÄTZE DER WAHRSCHEINLICHKEITSRECHNUNG

5.1 Ungleichung von Tschebyscheff

Ist für eine Zufallsvariable X die Verteilung unbekannt, so kann eine Wahrscheinlichkeitsabschätzung mit Hilfe der folgenden Ungleichung von Tschebyscheff vorgenommen werden, sofern μ_X und σ_X gegeben sind.

Für eine beliebig verteilte Zufallsvariable X mit Mittelwert μ_X und Varianz σ_X^2 $(0 < \sigma_X^2 < \infty)$ gilt für $\lambda > 1$:

$$P(|X-\mu_X| < \lambda\sigma_X) \geq 1 - \frac{1}{\lambda^2} .$$

Daraus folgt mit

$$-P(|X-\mu_X| < \lambda\sigma_X) \leq -(1 - \frac{1}{\lambda^2})$$

$$P(|X - \mu_X| \geq \lambda\sigma_X) = 1 - P(|X-\mu_X| < \lambda\sigma_X)$$
$$\leq 1 - (1 - \frac{1}{\lambda^2})$$

$$P(|X-\mu_X| \geq \lambda\sigma_X) \leq \frac{1}{\lambda^2} \qquad \lambda > 1$$

eine andere Form der Tschebyscheffschen Ungleichung.

Beispiel 53:

Die Brenndauer von Glühlampen sei eine Zufallsvariable mit dem Mittelwert von 1000 Stunden und einer Standardabweichung von 150 Stunden. Wie groß ist die Wahrscheinlichkeit, daß die Brenndauer einer zufällig ausgewählten Glühlampe um weniger als 225 Stunden vom Mittelwert der Grundgesamtheit abweicht?

$$P(|X-\mu_X| < 225) \geq 1 - \frac{1}{\lambda^2}$$

$$\lambda\sigma_X = \lambda \cdot 150 = 225 \qquad \lambda = \frac{225}{150} = 1,5$$

$$1 - \frac{1}{\lambda^2} = 1 - \frac{1}{2,25} = 0,5556$$

Die gesuchte Wahrscheinlichkeit beträgt mindestens 0,5556.

Zufallsvariablen $X_1,\ldots,X_n$, die dieselbe Verteilungsfunktion besitzen, nennt man identisch verteilt.

Geht man von einer Folge insgesamt stochastisch unabhängiger, identisch verteilter Zufallsvariablen $X_1,\ldots,X_n$ mit Mittelwert μ und Varianz σ^2 aus, so gilt mit $\bar{X}_n = \frac{1}{n}\sum_{i=1}^{n} X_i$ (vgl. Abschnitt I.2.4):

$$\mu_{\bar{X}_n} = E\{\bar{X}_n\} = \mu\ , \qquad \sigma^2_{\bar{X}_n} = V\{\bar{X}_n\} = \frac{\sigma^2}{n}\ .$$

Verwendet man in der Tschebyscheffschen Ungleichung $X = \bar{X}_n$, so folgt - da μ_X durch $\mu_{\bar{X}_n} = \mu$ und σ_X durch $\sigma_{\bar{X}_n} = \frac{\sigma}{\sqrt{n}}$ zu ersetzen ist -

mit
$$P(|\bar{X}_n-\mu| < \lambda\cdot\frac{\sigma}{\sqrt{n}}) = P(-\lambda\cdot\frac{\sigma}{\sqrt{n}} < \bar{X}_n-\mu < \lambda\cdot\frac{\sigma}{\sqrt{n}})$$
$$= P(\mu-\lambda\cdot\frac{\sigma}{\sqrt{n}} < \bar{X}_n < \mu+\lambda\cdot\frac{\sigma}{\sqrt{n}})\ ,$$

$$P(|\bar{X}_n-\mu| < \lambda\cdot\frac{\sigma}{\sqrt{n}}) = P(\mu-\lambda\cdot\frac{\sigma}{\sqrt{n}} < \bar{X}_n < \mu+\lambda\cdot\frac{\sigma}{\sqrt{n}})$$
$$\geq 1-\frac{1}{\lambda^2}$$

bzw.
$$P(|\bar{X}_n-\mu| \geq \lambda\cdot\frac{\sigma}{\sqrt{n}}) \leq \frac{1}{\lambda^2} \qquad \lambda > 1\ ,$$

die Tschebyscheffsche Ungleichung für Mittelwerte.

Beispiel 54:

Das monatliche Durchschnittseinkommen eines Haushalts in einem Land sei eine Zufallsvariable mit dem Mittelwert 1000 (Währungseinheiten) und der Standardabweichung 200 (Währungseinheiten).
Wie groß ist mindestens die Wahrscheinlichkeit, daß bei zufälliger Auswahl von 16 Haushalten das Durchschnittseinkommen pro Haushalt um nicht mehr als 100 Währungseinheiten vom Mittelwert der Grundgesamtheit abweicht?

X_i Monatseinkommen des i-ten Haushalts ($i = 1,\ldots,16$).
Es wird Unabhängigkeit der X_i unterstellt.

$$\bar{X}_{16} = \frac{1}{16}\sum_{i=1}^{16} X_i\ .$$

$$P(|\bar{X}_{16}-1000| < 100) \geq 1-\frac{1}{\lambda^2}$$

$$\lambda\cdot\frac{\sigma}{\sqrt{n}} = 100$$

$$\lambda \cdot \frac{200}{\sqrt{16}} = 100$$

$$\lambda = 2$$

$$1 - \frac{1}{\lambda^2} = 1 - \frac{1}{4} = 0{,}75 \ .$$

Die gesuchte Mindestwahrscheinlichkeit beträgt 0,75.

Speziell gilt, falls die $X_1,\ldots,X_n$ insgesamt stochastisch unabhängige, Bernoulli-verteilte Zufallsvariablen mit dem Scharparameter π sind, mit $\mu = \pi$ und $\sigma^2 = \pi(1-\pi)$:

$$P(|\bar{X}_n - \pi| < \lambda \sqrt{\frac{\pi(1-\pi)}{n}})$$

$$= P(\pi - \lambda \sqrt{\frac{\pi(1-\pi)}{n}} < \bar{X}_n < \pi + \lambda \sqrt{\frac{\pi(1-\pi)}{n}}) \geqq 1 - \frac{1}{\lambda^2}$$

bzw. $$P(|\bar{X}_n - \pi| \geqq \lambda \sqrt{\frac{\pi(1-\pi)}{n}}) \leqq \frac{1}{\lambda^2} \qquad \lambda > 1,$$

die Tschebyscheffsche Ungleichung für Anteilswerte.

5.2 Gesetze der großen Zahlen

Verwendet man unter denselben Voraussetzungen wie in Abschnitt I.5.1 die Tschebyscheffsche Ungleichung für Mittelwerte in der Form

$$P(|\bar{X}_n - \mu| \geqq \lambda \cdot \frac{\sigma}{\sqrt{n}}) \leqq \frac{1}{\lambda^2}$$

und setzt $\varepsilon = \lambda \cdot \frac{\sigma}{\sqrt{n}}$ $(\varepsilon > 0)$, so folgt:

$$\lambda = \varepsilon \frac{\sqrt{n}}{\sigma} \ , \quad \frac{1}{\lambda^2} = \frac{\sigma^2}{\varepsilon^2 n} \quad \text{und} \quad P(|\bar{X}_n - \mu| \geqq \varepsilon) \leqq \frac{\sigma^2}{\varepsilon^2 n} \ .$$

Daraus resultiert:

$$\lim_{n \to \infty} P(|\bar{X}_n - \mu| \geqq \varepsilon) = 0 \ ,$$

das (schwache) Gesetz der großen Zahlen von Tschebyscheff.

Man sagt, die Folge $\bar{X}_1, \bar{X}_2, \bar{X}_3, \ldots$ der Mittelwerte konvergiert stochastisch gegen den Mittelwert μ.

Analog erhält man aus der Tschebyscheffschen Ungleichung für Anteilswerte bei Berücksichtigung der Voraussetzungen

$$\lim_{n\to\infty} P(|\bar{X}_n - \pi| \geqq \varepsilon) = 0 ,$$

das (schwache) Gesetz der großen Zahlen von Bernoulli.

Beispiel 55:

Die Bedeutung dieser Gesetze der großen Zahlen sei exemplarisch unter Verwendung von Beispiel 34 dargestellt:
Von den 500 Studenten einer Vorlesung haben 100 in der Schule einen Leistungskurs in Mathematik besucht. Wählt man zufällig einen Studenten aus und ist nur daran interessiert, ob der ausgewählte Student einen Leistungskurs in Mathematik besucht hat, so hat man eine Bernoulliverteilte Zufallsvariable. Wählt man n-mal (mit Zurücklegen) aus, so sind offenbar die Voraussetzungen des Gesetzes der großen Zahlen von Bernoulli erfüllt. Das Gesetz der großen Zahlen besagt nun, daß mit wachsendem n die Wahrscheinlichkeit, daß der Anteil der Leistungskursteilnehmer an allen 500 Studenten und der entsprechende Anteil in der Versuchsserie um mehr als ε voneinander abweichen, gegen Null strebt.

5.3 Zentraler Grenzwertsatz

Seien $X_1, X_2, X_3, \ldots$ insgesamt stochastisch unabhängige und identisch verteilte Zufallsvariablen mit Mittelwert μ und Varianz σ^2 $(0 < \sigma^2 < \infty)$ und $X_n^* = \sum_{i=1}^{n} X_i$ $(E\{X_n^*\} = n\mu$, $V\{X_n^*\} = n\sigma^2)$, dann gilt:

Die Verteilung der standardisierten Zufallsvariablen

$$\frac{X_n^* - n\mu}{\sigma\sqrt{n}} \quad \text{bzw.} \quad \frac{\frac{1}{n} X_n^* - \mu}{\frac{\sigma}{\sqrt{n}}}$$

konvergiert für $n \to \infty$ gegen die Standardnormalverteilung:

$$\lim_{n\to\infty} P\left(\frac{\sum_{i=1}^{n} X_i - n\mu}{\sigma\sqrt{n}} \leqq u\right) = \Phi(u) \qquad u \in \mathbb{R}.$$

Diese Beziehung bezeichnet man als zentralen Grenzwertsatz von Lindeberg-Levy.

Aufgrund des zentralen Grenzwertsatzes kann für große n (n>40) angenommen werden, daß die Zufallsvariable $\bar{X}_n = \frac{1}{n} \sum_{i=1}^{n} X_i$ approximativ $N(\mu;\frac{\sigma^2}{n})$-verteilt ist, wenn die Voraussetzungen des Satzes erfüllt sind.

Die folgenden Sätze sind Spezialfälle des Grenzwertsatzes.

Sind $X_1, X_2, X_3, \ldots$ insgesamt stochastisch unabhängige Bernoulli-verteilte Zufallsvariablen mit dem Parameter π, so ist die Zufallsvariable $\sum_{i=1}^{n} X_i$ $B(n;\pi)$-verteilt und es gilt:

$$\lim_{n\to\infty} P\left(\frac{\sum_{i=1}^{n} X_i - n\pi}{\sqrt{n\pi(1-\pi)}} \leqq u\right) = \Phi(u) \qquad u \in \mathbb{R}$$

(Grenzwertsatz von de Moivre-Laplace).

Sind $X_1, X_2, X_3, \ldots$ insgesamt stochastisch unabhängige Poisson-verteilte Zufallsvariablen mit dem Parameter λ, so ist die Zufallsvariable $\sum_{i=1}^{n} X_i$ $Po(n\cdot\lambda)$-verteilt und es gilt:

$$\lim_{n\to\infty} P\left(\frac{\sum_{i=1}^{n} X_i - n\lambda}{\sqrt{n\lambda}} \leqq u\right) = \Phi(u) \qquad u \in \mathbb{R}.$$

5.4 Die Normalverteilung als Grenzverteilung

Nach dem Satz von de Moivre-Laplace kann die Binomialverteilung mit den Parametern n und π für große n durch die Normalverteilung mit den Parametern $n\pi$ und $n\pi(1-\pi)$ approximiert werden. Diese Approximation wird in der Praxis vorgenommen, falls $0{,}1 \leqq \pi \leqq 0{,}9$ und $n\pi(1-\pi) > 9$ ist.

Es gilt dann für eine $B(n;\pi)$-verteilte Zufallsvariable X und $a,b \in W_X$:

$$P(a \leq X \leq b) \doteq \Phi\left(\frac{b+0,5-n\pi}{\sqrt{n\pi(1-\pi)}}\right) - \Phi\left(\frac{a-0,5-n\pi}{\sqrt{n\pi(1-\pi)}}\right)$$

$$P(X = a) \doteq \Phi\left(\frac{a+0,5-n\pi}{\sqrt{n\pi(1-\pi)}}\right) - \Phi\left(\frac{a-0,5-n\pi}{\sqrt{n\pi(1-\pi)}}\right)$$

$$P(X \leq b) \doteq \Phi\left(\frac{b+0,5-n\pi}{\sqrt{n\pi(1-\pi)}}\right)$$

$$P(a < X < b) \doteq \Phi\left(\frac{b-0,5-n\pi}{\sqrt{n\pi(1-\pi)}}\right) - \Phi\left(\frac{a+0,5-n\pi}{\sqrt{n\pi(1-\pi)}}\right) .$$

Die Addition bzw. Subtraktion von 0,5 bezeichnet man als Stetigkeitskorrektur. Die Korrektur ist notwendig, da die Verteilung einer diskreten Zufallsvariablen durch die Verteilung einer stetigen Zufallsvariablen ersetzt wird. Sie erlaubt es, auch mit Hilfe der Approximationsformel für einen ausgewählten Wert aus dem Wertebereich der diskreten Zufallsvariablen X Wahrscheinlichkeiten zu berechnen.

Beispiel 56: Vgl. Beispiel 34.

Wie groß ist die Wahrscheinlichkeit, mehr als 12 Studenten zu erhalten, die einen Leistungskurs in Mathematik besucht haben, wenn 60-mal mit Zurücklegen gezogen wird?

X B(60;0,2)-verteilt.

$$\begin{aligned} P(12 < X \leq 60) &= P(13 \leq X \leq 60) \\ &= \sum_{x=13}^{60} f(x|60;0,2) \\ &= F(60|60;0,2) - F(12|60;0,2) \\ &= 0,4236. \end{aligned}$$

$$n\pi(1-\pi) = 60 \cdot 0,2 \cdot 0,8 = 9,6 > 9 ;$$

$$0,1 \leq \pi = 0,2 \leq 0,9 ,$$

daher X approximativ N(12;9,6)-verteilt.

$$\begin{aligned} P(13 \leq X \leq 60) &= \Phi\left(\frac{60+0,5-12}{\sqrt{9,6}}\right) - \Phi\left(\frac{13-0,5-12}{\sqrt{9,6}}\right) \\ &= \Phi(15,6533) - \Phi(0,1614) \\ &= 1,0000 - 0,5641 \\ &= 0,4359 . \end{aligned}$$

Will man den für Poisson-verteilte Zufallsvariablen geltenden zentralen Grenzwertsatz entsprechend umsetzen, so ergibt sich - wenn man $n\lambda$ als "neues" λ einer Poisson-Verteilung auffaßt - : Für große λ kann die Poisson-Verteilung mit dem Parameter λ durch die Normalverteilung mit den Parametern $\mu = \lambda$ und $\sigma^2 = \lambda$ ersetzt werden.

Für eine Po(λ)-verteilte Zufallsvariable X mit $\lambda > 9$ und $a,b \in W_X$ gelten die folgenden Approximationsregeln:

$$P(a \leqq X \leqq b) \doteq \Phi\left(\frac{b+0,5-\lambda}{\sqrt{\lambda}}\right) - \Phi\left(\frac{a-0,5-\lambda}{\sqrt{\lambda}}\right)$$

$$P(X = a) \doteq \Phi\left(\frac{a+0,5-\lambda}{\sqrt{\lambda}}\right) - \Phi\left(\frac{a-0,5-\lambda}{\sqrt{\lambda}}\right)$$

$$P(X \leqq b) \doteq \Phi\left(\frac{b+0,5-\lambda}{\sqrt{\lambda}}\right)$$

$$P(a < X < b) \doteq \Phi\left(\frac{b-0,5-\lambda}{\sqrt{\lambda}}\right) - \Phi\left(\frac{a+0,5-\lambda}{\sqrt{\lambda}}\right) .$$

Beispiel 57:

Die Anzahl der pro Viertelstunde in einer Telefonzentrale ankommenden Gespräche ist eine Po(20)-verteilte Zufallsvariable.

Wie groß ist die Wahrscheinlichkeit, daß in einer Viertelstunde
- genau 16 Gespräche,
- mindestens 16 und höchstens 24 Gespräche ankommen?

Gesucht sind für eine Po(20)-verteilte Zufallsvariable X:

$$P(X=16) = f(16|20) \quad \text{sowie} \quad P(16 \leqq X \leqq 24) = \sum_{x=16}^{24} f(x|20).$$

$$f(16|20) = \frac{20^{16}}{16!}\, e^{-20} = 0,0646$$

$$\sum_{x=16}^{24} f(x|20) = \sum_{x=16}^{24} \frac{20^x}{x!}\, e^{-20}$$

$$F(24|20) - F(15|20) = 0,6867$$

$$\lambda = 20 > 9 ,$$

daher ist X approximativ N(20;20)-verteilt,

$$\begin{aligned} P(X=16) &= \Phi\left(\frac{16+0,5-20}{\sqrt{20}}\right) - \Phi\left(\frac{16-0,5-20}{\sqrt{20}}\right) \\ &= \Phi(-0,7826) - \Phi(-1,0062) \\ &= 1 - 0,7831 - (1-0,8428) \\ &= 0,2169 - 0,1572 \\ &= 0,0597 \end{aligned}$$

$$P(16 \leq X \leq 24) = \Phi(\frac{24+0,5-20}{\sqrt{20}}) - \Phi(\frac{16-0,5-20}{\sqrt{20}})$$
$$= \Phi(1,0062) - \Phi(-1,0062)$$
$$= 0,8428 - 0,1572$$
$$= 0,6856 \ .$$

Verwendet man die in den Abschnitten I.4, I.5 und I.6 dargelegten Beziehungen zwischen den verschiedenen Verteilungen, so kann man die Approximationsregeln schematisch zusammenfassen. Übersicht 3 enthält nur die Regeln, nach denen praktisch vorgegangen wird:

<u>Übersicht 3</u>: Regeln zur Approximation von Verteilungen

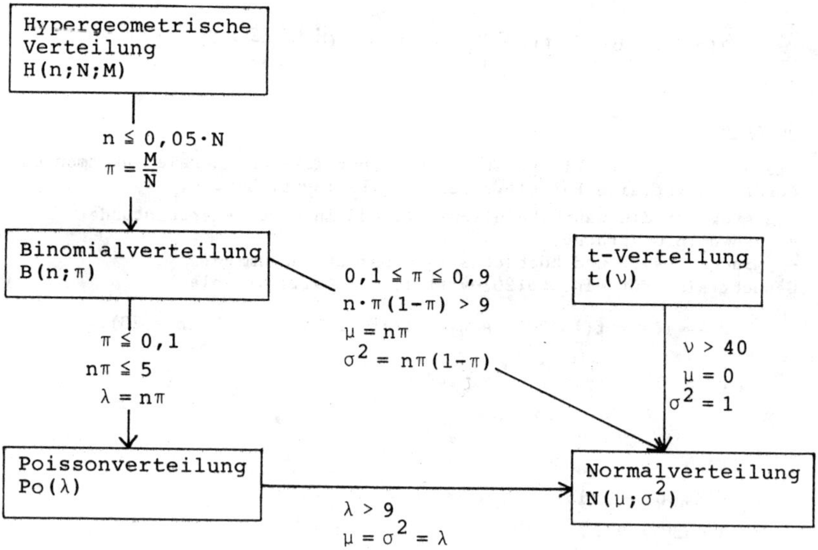

<u>Ziel des Abschnitts I.5</u>: Abschätzung von Wahrscheinlichkeiten und Approximation von Verteilungen.

<u>Inhalt</u>:

Tschebyscheffsche Ungleichung

$$P(|X-\mu_X| < \lambda\sigma_X) \geqq 1 - \frac{1}{\lambda^2} \qquad \lambda > 1$$

Tschebyscheffsche Ungleichung für Mittelwerte

$$P(|\bar{X}_n-\mu| < \lambda \cdot \frac{\sigma}{\sqrt{n}}) \geqq 1 - \frac{1}{\lambda^2} \qquad \lambda > 1$$

Tschebyscheffsche Ungleichung für Anteilswerte

$$P(|\bar{X}_n-\pi| < \lambda \sqrt{\frac{\pi(1-\pi)}{n}}) \geqq 1 - \frac{1}{\lambda^2} \qquad \lambda > 1$$

Gesetz der großen Zahlen von Tschebyscheff

$$\lim_{n\to\infty} P(|\bar{X}_n-\mu| \geqq \varepsilon) = 0 \qquad \varepsilon > 0$$

Gesetz der großen Zahlen von Bernoulli

$$\lim_{n\to\infty} P(|\bar{X}_n-\pi| \geqq \varepsilon) = 0 \qquad \varepsilon > 0$$

Zentraler Grenzwertsatz

$$\lim_{n\to\infty} P(\frac{\sum_{i=1}^{n} X_i - n\mu}{\sigma\sqrt{n}} \leqq u) = \Phi(u)$$

Grenzwertsatz von de Moivre-Laplace

$$\lim_{n\to\infty} P(\frac{\sum_{i=1}^{n} X_i - n\pi}{\sqrt{n\pi(1-\pi)}} \leqq u) = \Phi(u)$$

$$\lim_{n\to\infty} P(\frac{\sum_{i=1}^{n} X_i - n\lambda}{\sqrt{n\lambda}} \leqq u) = \Phi(u)$$

II SCHÄTZ- UND TESTVERFAHREN

1 STICHPROBENTHEORIE

1.1 Grundbegriffe

In der statistischen Schätz- und Testtheorie will man mit Hilfe der Ergebnisse von Teilerhebungen Schlüsse auf charakteristische Größen der einer Teilerhebung zugrundeliegenden Gesamtheit ziehen. Fundamente dieser Vorgehensweise sind die oben behandelte Wahrscheinlichkeitsrechnung und die hier in gebotener Kürze darzustellende Stichprobentheorie.

Beispiel 58:

Um das durchschnittliche monatliche Haushaltseinkommen in der Bundesrepublik Deutschland im Monat Juni 1986 zu ermitteln, kann man 10000 Haushalte nach ihrem Einkommen in diesem Monat befragen.

Die folgenden Begriffe spielen in der Stichprobentheorie eine grundlegende Rolle. Unter einer Grundgesamtheit (Auswahlgesamtheit) G versteht man eine Menge von Elementen (Merkmalsträgern), über die bzgl. eines Merkmals oder mehrerer Merkmale Informationen beschafft werden sollen. Eine Teilmenge der Grundgesamtheit mit n Elementen nennt man Stichprobe vom Umfang n. Bezeichnet man den Umfang der Grundgesamtheit mit N, so ist $\frac{n}{N}$ $(n \leq N)$ der Auswahlsatz der Stichprobe. Eine Zufallsstichprobe vom Umfang n ist eine Stichprobe, deren Elemente zufällig aus G ausgewählt werden. Jede Ausprägung eines Elements der Zufallsstichprobe kann somit als Zufallsvariable aufgefaßt werden. X_i $(i = 1, \ldots, n)$ ist dann die Zufallsvariable (oder Stichprobenvariable), die dem i-ten Schritt der Zufallsauswahl entspricht. Die Zufallsstichprobe wird auch durch den Zufallsvektor (Stichprobenvektor) $(X_1, \ldots, X_n)$ gekennzeichnet. Die beobachteten Realisationen x_i der Zufallsvariablen X_i $(i = 1, \ldots, n)$ heißen Stichprobenwerte, der Vektor $(x_1, \ldots, x_n)$ der Stichprobenwerte konkrete Zufallsstichprobe.

Eine Funktion $T = T(X_1, \ldots, X_n)$ eines Stichprobenvektors $(X_1, \ldots, X_n)$, die nicht von unbekannten Parametern abhängt, nennt man Stichprobenfunktion.

Beispiel 59: $T = \frac{1}{n} \sum_{i=1}^{n} X_i$ (z.B. durchschnittliches monatliches Haushaltseinkommen in der Stichprobe, vgl. Beispiel 58)

$$T = \sum_{i=1}^{n} X_i$$

$$T = \sum_{i=1}^{n} (X_i - 7)^3$$

$T = T(X_1, \ldots, X_n)$ ist als Funktion von Zufallsvariablen wieder eine Zufallsvariable. Die Verteilung dieser Zufallsvariablen (Stichprobenfunktion) T heißt Stichprobenverteilung, die Varianz von T Fehlervarianz ($V\{T\}$ bzw. σ_T^2) und ihre Standardabweichung Standardfehler ($\sigma_T = \sqrt{V\{T\}}$). $E\{T\}$ oder μ_T bezeichnen den Mittelwert der Stichprobenfunktion, $t = T(x_1, \ldots, x_n)$ ist eine Realisation der Stichprobenfunktion aufgrund der konkreten Zufallsstichprobe $(x_1, \ldots, x_n)$.

Beispiel 60:

Seien $X_1, \ldots, X_n$ $N(\mu;\sigma^2)$-verteilte Zufallsvariablen und $T = \sum_{i=1}^{n} X_i$. Es folgt:

$E\{T\} = n \cdot \mu$

$V\{T\} = n \cdot \sigma^2$, falls Unabhängigkeit der X_i $(i = 1, \ldots, n)$ vorausgesetzt werden kann,

T $N(n\mu;n\sigma^2)$-verteilt, falls die X_i unabhängig sind.

Im Beispiel 60 mußte zur Berechnung der Varianz der Stichprobenfunktion vorausgesetzt werden, daß die Komponenten der Zufallsstichprobe unabhängig sind; gleichzeitig ging man davon aus, daß die X_i alle identisch verteilt waren. Diese beiden Eigenschaften spielen im folgenden eine grundlegende Rolle.

Man spricht von einer uneingeschränkten Zufallsstichprobe $(X_1,\ldots,X_n)$, falls jede Stichprobe vom Umfang n aus N Elementen dieselbe Wahrscheinlichkeit besitzt, realisiert zu werden. Eine uneingeschränkte Zufallsstichprobe liegt vor, wenn die Komponenten X_i $(i=1,\ldots,n)$ einer Zufallsstichprobe identisch verteilt sind, d.h. wenn gilt: $F_{X_i}(x) = F_X(x)$ für $i=1,\ldots,n$ und $x \in \mathbb{R}$. Eine unabhängige Zufallsstichprobe $(X_1,\ldots,X_n)$ ist eine Zufallsstichprobe, deren Komponenten $X_1,\ldots,X_n$ insgesamt stochastisch unabhängig sind. Eine uneingeschränkte und unabhängige Zufallsstichprobe nennt man kurz eine einfache Zufallsstichprobe.

Im folgenden wird statt des Begriffes Zufallsstichprobe synonym der Begriff Stichprobe verwendet. Von einer Stichprobe aus einer unendlichen Gesamtheit spricht man, wenn entweder der Umfang der Grundgesamtheit unendlich ist oder die Ziehung der Stichprobe aus einer Gesamtheit nach dem Ziehungsmodell mit Zurücklegen erfolgt (vgl. Abschnitt I.3.4). Jede uneingeschränkte Stichprobe aus einer unendlichen Gesamtheit ist eine einfache Zufallsstichprobe.

Bei Stichproben aus endlichen Gesamtheiten, d.h. bei Auswahlen aus endlichen Gesamtheiten nach dem Ziehungsmodell ohne Zurücklegen (vgl. Abschnitt I.3.5), liegen (a priori) uneingeschränkte, aber nicht unabhängige Zufallsstichproben vor. In diesen Fällen kann bei kleinen Auswahlsätzen $(\frac{n}{N} \leqq 0{,}05)$ die Theorie der Stichproben aus unendlichen Gesamtheiten Verwendung finden.

Beispiel 61:

In einer Fabrik werden viele Glühlampen eines Typs hergestellt, deren Brenndauer normalverteilt ist mit unbekanntem Mittelwert μ und der Standardabweichung $\sigma = 100$ (Stunden). Es soll eine Stichprobe vom Umfang $n = 10$ gezogen und die Brenndauer X_i $(i=1,\ldots,10)$ der einzelnen Glühlampen ermittelt werden.
Es handelt sich um ein Ziehungsmodell ohne Zurücklegen, daher liegt eine

uneingeschränkte, keine unabhängige Stichprobe vor. Da eine große Anzahl von Glühlampen hergestellt wird, kann $\frac{n}{N} \leq 0{,}05$ angenommen werden, so daß bei der weiteren Behandlung der Daten wie bei einer einfachen Zufallsstichprobe vorgegangen werden kann.
Im Hinblick auf den unbekannten Mittelwert der Grundgesamtheit betrachtet man hier die Stichprobenfunktion $\frac{1}{10} \sum_{i=1}^{10} X_i$.

Ausgehend von einer Zufallsstichprobe $(X_1,\ldots,X_n)$ aus einer Grundgesamtheit G mit der Verteilungsfunktion F_X interessieren im weiteren die folgenden Stichprobenfunktionen:

$\bar{X} = \frac{1}{n} \sum_{i=1}^{n} X_i$	Stichprobenmittelwert
$S_X^{*2} = \frac{1}{n} \sum_{i=1}^{n} (X_i-\mu)^2$	Stichprobenvarianz (falls μ bekannt)
S_X^*	Standardabweichung der Stichprobe
$S_X^2 = \frac{1}{n-1} \sum_{i=1}^{n} (X_i-\bar{X})^2$	Stichprobenvarianz (falls μ unbekannt)
S_X	Standardabweichung der Stichprobe
$\hat{\pi} = \frac{1}{n} \sum_{i=1}^{n} X_i$	Stichprobenanteilswert (falls Grundgesamtheit Null-Eins-verteilt)

Auf eine Indizierung der Stichprobenfunktionen mit dem Stichprobenumfang n sei hier verzichtet.

Bis auf eine Ausnahme werden die Realisationen der Stichprobenfunktionen durch die entsprechenden kleinen Buchstaben wiedergegeben (z.B. Zufallsvariable $\bar{X} = \frac{1}{n} \sum_{i=1}^{n} X_i$, Realisation $\bar{x} = \frac{1}{n} \sum_{i=1}^{n} x_i$).
Die Realisation von $\hat{\pi} = \frac{1}{n} \sum_{i=1}^{n} X_i$ wird mit $p = \frac{1}{n} \sum_{i=1}^{n} x_i$ bezeichnet.
Wird von zwei Zufallsstichproben vom Umfang n_1 bzw. n_2 aus

zwei Grundgesamtheiten G_1 und G_2 ausgegangen, werden die Stichproben durch die Vektoren $(X_1,...,X_{n_1})$ und $(Y_1,...,Y_{n_2})$ beschrieben.

Beispiel 62:

In einem Wirtschaftszweig gibt es fünf Unternehmen, deren Jahresumsätze 100 Mio. DM, 50 Mio. DM, 80 Mio. DM, 140 Mio. DM und 130 Mio. DM betragen. Aus diesen Unternehmen will man eine Stichprobe vom Umfang 2 ziehen und für diese den Jahresumsatz pro Unternehmen bestimmen.

Gegeben sind die mit U_i $(i = 1,...,5)$ bezeichneten Umsätze (in Mio. DM):

$$U_1 = 100, \quad U_2 = 50, \quad U_3 = 80, \quad U_4 = 140, \quad U_5 = 130.$$

Zieht man ohne Zurücklegen, so gibt es, wenn die Reihenfolge keine Rolle spielt,

$\binom{5}{2} = 10$ Möglichkeiten, zwei Unternehmen aus fünf Unternehmen auszuwählen (Kombinationen ohne Wiederholung, vgl. Anhang zur Kombinatorik).

$\frac{5!}{(5-2)!} = \frac{5!}{3!} = 20$ Möglichkeiten existieren, sofern die Reihenfolge von Bedeutung ist (Variationen ohne Wiederholung).

Falls mit Zurücklegen gezogen wird, existieren

$\binom{5+2-1}{2} = \binom{6}{2} = 15$ bzw. $5^2 = 25$ Fälle (Kombinationen bzw. Variationen mit Wiederholung).

Sei X_i $(i = 1,2)$ die Zufallsvariable, die den Umsatz des im i-ten Zug gezogenen Unternehmens angibt und $\bar{X} = \frac{1}{n}(X_1+X_2)$ der Durchschnittsumsatz der zwei in der Stichprobe ausgewählten Unternehmen. Die folgende Tabelle enthält $\bar{X}$ als Funktion von X_1 und X_2.

	$\bar{X} = \frac{1}{2}(X_1+X_2)$				
	X_2				
X_1	U_1=100	U_2=50	U_3=80	U_4=140	U_5=130
U_1=100	(100)	75	90	120	115
U_2= 50	75	(50)	65	95	90
U_3= 80	90	65	(80)	110	105
U_4=140	120	95	110	(140)	135
U_5=130	115	90	105	135	(130)

Die Werte in Klammern treten nur bei einer einfachen Zufallsstichprobe (Ziehen mit Zurücklegen) auf.
Das Beispiel verdeutlicht, daß $\bar{X}$ eine Zufallsvariable und kein fester Wert ist.

1.2 Stichprobenmittelwert $\bar{X}$

1.2.1 Mittelwert und Fehlervarianz von $\bar{X}$

Hier und in den folgenden Abschnitten wird vorausgesetzt, daß die Komponenten X_i $(i = 1, \ldots, n)$ einer Zufallsstichprobe alle denselben Mittelwert und dieselbe positive Varianz haben:

$$E\{X_i\} = \mu_X , \qquad V\{X_i\} = \sigma_X^2 < \infty \qquad \text{für } i = 1, \ldots, n.$$

Es sei $\bar{X} = \frac{1}{n} \sum_{i=1}^{n} X_i$ der Stichprobenmittelwert. Mittelwert, Varianz und Verteilung von $\bar{X}$ sind jetzt zu bestimmen. Bei Berechnung dieser Größen ist nach der Art der Zufallsstichprobe zu unterscheiden. Als erstes wird jeweils der Fall einer einfachen Zufallsstichprobe, als zweites der Fall einer uneingeschränkten (aber nicht unabhängigen) Zufallsstichprobe behandelt.

Beispiel 63: Vgl. Beispiel 62.

Der Mittelwert der Umsätze der fünf Unternehmen betrug 100 Mio. DM, für die Varianz erhält man 1080 (Mio. DM)². Für einen Stichprobenumfang von n = 2 enthält die Tabelle im Beispiel 62 für den Fall einer einfachen Zufallsstichprobe alle (gleichmöglichen) Realisationen von $\bar{X}$.

Bildet man den Mittelwert aus allen Realisationen von $\bar{X}$, so erhält man den Wert 100 Mio. DM. Berechnet man direkt aus der Tabelle die Varianz der Realisationen, so erhält man 540 (Mio. DM)².

Für den Fall einer uneingeschränkten Zufallsstichprobe können die eingeklammerten Werte in der Tabelle nicht eintreten. Für die übrigen Werte ergibt sich wiederum ein Mittelwert von 100 Mio. DM, die Varianz beträgt jetzt jedoch nur 405 (Mio. DM)².

---

(1) Einfache Zufallsstichprobe

Nach den Darlegungen in Abschnitt I.2.4 folgt:

$$\mu_{\bar{X}} = E\{\bar{X}\} = E\{\frac{1}{n} \sum_{i=1}^{n} X_i\} = \frac{1}{n} E\{\sum_{i=1}^{n} X_i\}$$

$$= \frac{1}{n} \sum_{i=1}^{n} E\{X_i\} = \frac{1}{n} \sum_{i=1}^{n} \mu_X = \frac{1}{n} n\mu_X = \mu_X .$$

Analog ergibt sich für $\sigma_{\bar{X}}^2$, da die X_i $(i = 1,\ldots,n)$ insgesamt stochastisch unabhängig sind,

$$\sigma_{\bar{X}}^2 = V\{\bar{X}\} = V\{\frac{1}{n} \sum_{i=1}^{n} X_i\} = \frac{1}{n^2} V\{\sum_{i=1}^{n} X_i\}$$

$$= \frac{1}{n^2} \sum_{i=1}^{n} V\{X_i\} = \frac{1}{n^2} \sum_{i=1}^{n} \sigma_X^2 = \frac{1}{n^2} n\sigma_X^2 = \frac{\sigma_X^2}{n} .$$

(2) Uneingeschränkte Zufallsstichprobe
(ohne Zurücklegen aus einer Gesamtheit vom Umfang $N < \infty$)

Für den Mittelwert $\mu_{\bar{X}}$ gilt weiterhin:

$$\mu_{\bar{X}} = E\{\bar{X}\} = \mu_X .$$

Für die Varianz ergibt sich in Analogie zur Darstellung bei der Hypergeometrischen Verteilung:

$$\sigma_{\bar{X}}^2 = \frac{\sigma_X^2}{n} \cdot \frac{N-n}{N-1} \doteq \frac{\sigma_X^2}{n} (1 - \frac{n}{N}) .$$

$\frac{N-n}{N-1} \doteq 1 - \frac{n}{N}$ wird als <u>Endlichkeitskorrektur</u> bezeichnet. Dieser Faktor kann vernachlässigt werden, falls $\frac{n}{N} \leq 0{,}05$, d.h. der Auswahlsatz kleiner oder gleich fünf Prozent ist. Näherungsweise wird $\frac{N-n}{N-1}$ oft, wie angedeutet, durch $1 - \frac{n}{N}$ ersetzt. n kann bei einer uneingeschränkten Zufallsstichprobe nicht größer als N sein. Im Fall $n = N$ gibt es nur eine Möglichkeit, eine Stichprobe zu ziehen. $\bar{X}$ kann in diesem Fall nur einen Wert, den Mittelwert der Grundgesamtheit, annehmen. Die Varianz von $\bar{X}$ ist dann Null.

<u>Beispiel 64</u>: Vgl. Beispiel 63.

$$\mu_X = 100 \qquad \sigma_X^2 = 1080$$
$$n = 2$$

(1) einfache Zufallsstichprobe

$$\mu_{\bar{X}} = 100 \qquad \sigma_{\bar{X}}^2 = \frac{1080}{2} = 540$$

(2) uneingeschränkte Zufallsstichprobe

$$\mu_{\bar{X}} = 100 \qquad \sigma^2_{\bar{X}} = \frac{1080}{2} \cdot \frac{5-2}{5-1}$$

$$= 540 \cdot \frac{3}{4} = 405 \,.$$

Dies sind (natürlich) genau die Resultate, die man im Beispiel 63 bei ausführlicher Betrachtung aller Stichprobenrealisationen erhielt.

1.2.2 Verteilung von $\bar{X}$ bei normalverteilten Zufallsvariablen X_i $(i = 1,\ldots,n)$

An dieser Stelle wird von einer einfachen Zufallsstichprobe $(X_1,\ldots,X_n)$ ausgegangen. Die Komponenten $X_1,\ldots,X_n$ seien $N(\mu_X;\sigma^2_X)$-verteilt; man spricht auch von einer normalverteilten Grundgesamtheit. Die Verteilung von $\bar{X}$ kann unter Verwendung der Reproduktionseigenschaft der Normalverteilung direkt angegeben werden (vgl. Abschnitt I.4.3):

$$\bar{X} \text{ ist } N(\mu_X;\frac{\sigma^2_X}{n})\text{-verteilt} \qquad \text{und}$$

$$U = \frac{\bar{X}-\mu_X}{\sigma_X}\sqrt{n} \qquad N(0;1)\text{-verteilt.}$$

Sofern σ^2_X unbekannt ist, kann es durch die Stichprobenvarianz $S^2_X = \frac{1}{n-1}\sum_{i=1}^{n}(X_i-\bar{X})^2$ ersetzt werden. $S_{\bar{X}} = \frac{S_X}{\sqrt{n}}$ wird dann zur Schätzung des Standardfehlers von $\bar{X}$ verwendet (zur Verteilung von S^2_X vgl. Abschnitt II.1.4).

$$\frac{(n-1)S^2_X}{\sigma^2_X} \qquad \text{ist } \chi^2(n-1)\text{-verteilt und damit}$$

$$T = \frac{\bar{X}-\mu_X}{S_X}\sqrt{n} \qquad t(n-1)\text{-verteilt (vgl. Abschnitt I.4.6).}$$

Der Fall, daß $\sigma_{\bar{X}}$ durch $\frac{S^*_X}{\sqrt{n}}$ geschätzt wird, soll hier nicht behandelt werden, da er später bei den Schätz- und Testverfahren, bei denen meistens von unbekanntem Mittelwert μ ausgegangen wird, nicht einbezogen wird.

Beispiel 65:

Aus einer $N(1000;100^2)$-verteilten Grundgesamtheit werde eine einfache Zufallsstichprobe vom Umfang $n = 16$ gezogen.
Dann ist

$$\bar{X} = \frac{1}{16} \sum_{i=1}^{16} X_i \qquad N(1000;\frac{100^2}{16})\text{-verteilt} \qquad \text{und}$$

$$U = \frac{\bar{X}-1000}{100} \cdot 4 \qquad N(0;1)\text{-verteilt.}$$

Falls $\bar{X}$ normalverteilt mit den Scharparametern μ_X und $\sigma_{\bar{X}} = \frac{\sigma_X}{\sqrt{n}}$ ist, gilt

$$P(x_1 < \bar{X} < x_2) = \Phi(\frac{x_2-\mu_X}{\sigma_{\bar{X}}}) - \Phi(\frac{x_1-\mu_X}{\sigma_{\bar{X}}}) .$$

Beispiel 66:

Aus einer $N(1000;100^2)$-verteilten Grundgesamtheit werde eine einfache Zufallsstichprobe vom Umfang $n = 16$ gezogen (vgl. Beispiel 65).
Man berechne:

$$P(950 < \bar{X} < 1000)$$

$$\begin{aligned} P(950 < \bar{X} < 1000) &= \Phi(\frac{1000-1000}{100} \cdot 4) - \Phi(\frac{950-1000}{100} \cdot 4) \\ &= \Phi(0) - \Phi(-2) \\ &= 0{,}5000 - (1 - \Phi(2)) \\ &= 0{,}5000 - (1 - 0{,}9772) \\ &= 0{,}4772 . \end{aligned}$$

In Abschnitt I.4.8 ist der Begriff des zentralen Schwankungsintervalls der Wahrscheinlichkeit $1-\alpha$ bei einer normalverteilten Zufallsvariablen X eingeführt worden:

Z.B.: $\quad P(\mu_X - a < X < \mu_X + a) = 1 - \alpha$.

Will man bei gegebener Wahrscheinlichkeit $1-\alpha$ $(0 < \alpha < 1)$ ein zentrales Schwankungsintervall für $\bar{X}$ berechnen, so ist a so zu bestimmen, daß

$$P(\mu_X - a < \bar{X} < \mu_X + a) = 1 - \alpha$$

erfüllt ist.

Mit

$$\begin{aligned} 1 - \alpha &= P(\mu_X - a < \bar{X} < \mu_X + a) \\ &= P(-a < \bar{X} - \mu_X < a) \\ &= P\left(-\frac{a}{\sigma_{\bar{X}}} < \frac{\bar{X}-\mu_X}{\sigma_{\bar{X}}} < \frac{a}{\sigma_{\bar{X}}}\right) \\ &= P\left(-\frac{a}{\sigma_{\bar{X}}} < U < \frac{a}{\sigma_{\bar{X}}}\right) \\ &= P(-u_{1-\alpha/2} < U < u_{1-\alpha/2}) \end{aligned}$$

folgt

$$\frac{a}{\sigma_{\bar{X}}} = u_{1-\alpha/2} , \qquad a = u_{1-\alpha/2} \cdot \sigma_{\bar{X}}$$

und $$P(\mu_X - u_{1-\alpha/2} \cdot \sigma_{\bar{X}} < \bar{X} < \mu_X + u_{1-\alpha/2} \cdot \sigma_{\bar{X}}) = 1 - \alpha .$$

Die Wahrscheinlichkeitsaussagen gelten exakt, sofern $\bar{X}$ exakt normalverteilt ist, näherungsweise, falls $\bar{X}$ approximativ normalverteilt ist.

Beispiel 67:

Aus einer $N(1000;100^2)$-verteilten Grundgesamtheit werde eine einfache Zufallsstichprobe vom Umfang $n = 16$ gezogen. Man berechne ein zentrales Schwankungsintervall der Wahrscheinlichkeit 0,95 (vgl. Beispiel 65).
Gesucht ist $P(\mu_X - a < \bar{X} < \mu_X + a)$ mit $\alpha = 0{,}05$ und $a = u_{1-\alpha/2} \cdot \frac{100}{4}$.

$$u_{1-\alpha/2} = u_{0,975} = 1{,}96$$

$$a = 1{,}96 \cdot 25 = 49$$

Zentrales Schwankungsintervall]951;1049[.

Die Wahrscheinlichkeit, daß $\bar{X}$ zwischen 951 und 1049 liegt, beträgt 0,95.

Falls σ_X^2 unbekannt ist, ist $a = t_{1-\alpha/2;n-1} \cdot s_{\bar{X}}$, da $\frac{\bar{X}-\mu_X}{S_{\bar{X}}}$ t(n-1)-verteilt ist (vgl. Abschnitt I.4.6). Für $\nu = n-1 > 40$ kann $a = u_{1-\alpha/2} \cdot s_{\bar{X}}$ verwendet werden.

1.2.3 Verteilung von $\bar{X}$ bei beliebig verteilten Zufallsvariablen X_i $(i = 1,\dots,n)$

Bei insgesamt stochastisch unabhängigen und identisch verteilten Zufallsvariablen X_i $(i = 1,\dots,n)$ mit dem Mittelwert μ_X und der Varianz σ_X^2 $(0 < \sigma_X^2 < \infty)$ besagt der Zentrale Grenzwertsatz, daß die Zufallsvariable

$$\frac{\sum_{i=1}^{n} X_i - n\mu_X}{\sigma_X\sqrt{n}} \quad \text{bzw.} \quad \frac{\bar{X}-\mu_X}{\sigma_X}\sqrt{n}$$

für große n approximativ N(0;1)-verteilt ist. Auf der Grundlage dieses Satzes kann man Aussagen über die Verteilung der Stichprobenfunktionen $\bar{X}$, U und T bei einfachen Zufallsstichproben und beliebig verteilten Zufallsvariablen machen. Ein entsprechender Satz gilt bei uneingeschränkten Zufallsstichproben, sofern n wesentlich kleiner als N ist $(n \leqq \frac{N}{2})$; dies wird im folgenden vorausgesetzt.

Für $n > 40$ gilt:

$\bar{X} = \frac{1}{n}\sum_{i=1}^{n} X_i$ ist approximativ $N(\mu_X;\sigma_{\bar{X}}^2)$-verteilt,

$U = \frac{\bar{X}-\mu_X}{\sigma_{\bar{X}}}$ ist approximativ N(0;1) -verteilt,

$T = \frac{\bar{X}-\mu_X}{S_{\bar{X}}}$ ist approximativ N(0;1) -verteilt,

sofern man von einer einfachen oder einer uneingeschränkten Zufallsstichprobe ausgeht.

Der Unterschied zwischen den Verteilungen der Stichprobenfunktionen bei den zwei Arten von Zufallsstichproben liegt darin, daß

$$\sigma_{\bar{X}} = \frac{\sigma_X}{\sqrt{n}} \quad \text{bzw.} \quad S_{\bar{X}} = \frac{S_X}{\sqrt{n}}$$

bei einfachen Zufallsstichproben

und

$$\sigma_{\bar{X}} = \frac{\sigma_X}{\sqrt{n}}\sqrt{\frac{N-n}{N-1}} \doteq \frac{\sigma_X}{\sqrt{n}}\sqrt{1-\frac{n}{N}} \quad \text{bzw.} \quad S_{\bar{X}} = \frac{S_X}{\sqrt{n}}\sqrt{\frac{N-n}{N-1}} \doteq \frac{S_X}{\sqrt{n}}\sqrt{1-\frac{n}{N}}$$

bei uneingeschränkten Zufallsstichproben

Verwendung finden.

Für das zentrale Schwankungsintervall der Wahrscheinlichkeit $1-\alpha$ für $\bar{X}$ gilt unter den oben genannten Voraussetzungen in Analogie zur Darstellung in Abschnitt II.1.2.2

$$P(\mu_X - u_{1-\alpha/2}\sigma_{\bar{X}} < \bar{X} < \mu_X + u_{1-\alpha/2}\sigma_{\bar{X}}) = 1-\alpha\,, \quad \text{falls } \sigma_X^2 \text{ bekannt,}$$

$$P(\mu_X - u_{1-\alpha/2}s_{\bar{X}} < \bar{X} < \mu_X + u_{1-\alpha/2}s_{\bar{X}}) = 1-\alpha\,, \quad \text{falls } \sigma_X^2 \text{ unbekannt ist.}$$

1.3 Stichprobenanteilswert $\hat{\pi}$

1.3.1 Mittelwert und Fehlervarianz von $\hat{\pi}$

In diesem Abschnitt II.1.3 sollen die Zufallsvariablen X_i $(i = 1,\ldots,n)$ alle Bernoulli-verteilt mit dem Parameter π sein. Man spricht dann auch von einer Null-Eins-verteilten oder dichotomen Grundgesamtheit. Betrachtet wird wieder die Stichprobenfunktion $\frac{1}{n}\sum_{i=1}^{n} X_i$, die hier bei Voraussetzung Null-Eins-verteilter Zufallsvariablen mit $\hat{\pi}$ bezeichnet wird:

$$\hat{\pi} = \frac{1}{n}\sum_{i=1}^{n} X_i\,.$$

$\hat{\pi}$ gibt den Anteil der Elemente mit der interessierenden Eigenschaft in der Stichprobe an (Anteil der Erfolge). Die für den Stichprobenmittelwert $\bar{X}$ geltenden Beziehungen können weitgehend hierher übertragen werden. Berücksichtigt man, daß $E\{X_i\} = \pi$ und $V\{X_i\} = \pi(1-\pi)$ für $i = 1,\ldots,n$ gilt, so folgt:

$$\mu_{\hat{\pi}} = \pi\,, \quad \sigma_{\hat{\pi}}^2 = \frac{\pi(1-\pi)}{n}$$ bei einer einfachen Zufallsstichprobe,

$$\mu_{\hat{\pi}} = \pi \qquad \sigma_{\hat{\pi}}^2 = \frac{\pi(1-\pi)}{n}\,\frac{N-n}{N-1} \doteq \frac{\pi(1-\pi)}{n}\left(1-\frac{n}{N}\right)$$

bei einer uneingeschränkten Zufallsstichprobe.

1.3.2 Verteilung von $\hat{\pi}$

Die Summe von n unabhängigen, Bernoulli-verteilten Zufallsvariablen mit dem Parameter π ist binomialverteilt (vgl. Abschnitt I.3.4). Daraus folgt, daß im Fall einer einfachen Zufallsstichprobe $X = n\hat{\pi} = \sum_{i=1}^{n} X_i$ $B(n;\pi)$-verteilt ist.
Es gilt dann:

$$P(\hat{\pi} = \frac{x}{n}) = P(n\hat{\pi} = x) = \binom{n}{x} \pi^x (1-\pi)^{n-x} \qquad \text{für } x = 0,\ldots,n.$$

Für $0{,}1 \leqq \pi \leqq 0{,}9$ und $n\pi(1-\pi) > 9$ ist die Zufallsvariable X approximativ normalverteilt mit den Parametern $\mu = n\pi$ und $\sigma^2 = n\pi(1-\pi)$. Dann ist

$$\hat{\pi} = \frac{1}{n} \sum_{i=1}^{n} X_i \quad \text{approximativ } N(\pi;\frac{\pi(1-\pi)}{n})\text{-verteilt und}$$

$$U = \frac{\hat{\pi}-\pi}{\sqrt{\frac{\pi(1-\pi)}{n}}} \quad \text{approximativ } N(0;1)\text{-verteilt.}$$

Falls $0{,}1 \leqq \pi \leqq 0{,}9$ und $n\pi(1-\pi)\cdot\frac{N-n}{N-1} > 9$ ist, gilt bei einer uneingeschränkten Zufallsstichprobe mit $n \leqq \frac{N}{2}$:

$$\hat{\pi} = \frac{1}{n} \sum_{i=1}^{n} X_i \quad \text{ist approximativ } N(\pi;\frac{\pi(1-\pi)}{n}\cdot\frac{N-n}{N-1})\text{-verteilt}$$

und

$$U = \frac{\hat{\pi}-\pi}{\sqrt{\frac{\pi(1-\pi)}{n}\cdot\frac{N-n}{N-1}}} \quad \text{approximativ } N(0;1)\text{-verteilt.}$$

Bei der Berechnung der Wahrscheinlichkeit dafür, daß $\hat{\pi} \in\ ]p_1;p_2[$ ist, kann unter Berücksichtigung der Stetigkeitskorrektur (vgl. Abschnitt I.5.4) wie in Abschnitt II.1.2.2 vorgegangen werden.

Zunächst folgt bei einer einfachen Zufallsstichprobe, da $n\hat{\pi}$ $B(n;\pi)$-verteilt ist, für $0{,}1 \leqq \pi \leqq 0{,}9$ und $n\pi(1-\pi) > 9$:

$$\begin{aligned} P(p_1 < \hat{\pi} < p_2) &= P(np_1 < n\hat{\pi} < np_2) \\ &\doteq \Phi\left(\frac{np_2-\frac{1}{2}-n\pi}{\sqrt{n\pi(1-\pi)}}\right) - \Phi\left(\frac{np_1+\frac{1}{2}-n\pi}{\sqrt{n\pi(1-\pi)}}\right) \\ &= \Phi\left(\frac{p_2-\frac{1}{2n}-\pi}{\sqrt{\frac{\pi(1-\pi)}{n}}}\right) - \Phi\left(\frac{p_1+\frac{1}{2n}-\pi}{\sqrt{\frac{\pi(1-\pi)}{n}}}\right) . \end{aligned}$$

Sofern die Binomialverteilung durch die Normalverteilung approximiert werden kann, gilt bei einer einfachen oder uneingeschränkten Zufallsstichprobe:

$$P(p_1 < \hat{\pi} < p_2) \doteq \Phi\left(\frac{p_2 - \frac{1}{2n} - \pi}{\sigma_{\hat{\pi}}}\right) - \Phi\left(\frac{p_1 + \frac{1}{2n} - \pi}{\sigma_{\hat{\pi}}}\right) .$$

Für das zentrale Schwankungsintervall resultiert

mit $P(\pi - a < \hat{\pi} < \pi + a) = 1 - \alpha$

und
$$P(\pi - a < \hat{\pi} < \pi + a) \doteq \Phi\left(\frac{\pi + a - \frac{1}{2n} - \pi}{\sigma_{\hat{\pi}}}\right) - \Phi\left(\frac{\pi - a + \frac{1}{2n} - \pi}{\sigma_{\hat{\pi}}}\right)$$

$$= \Phi\left(\frac{a - \frac{1}{2n}}{\sigma_{\hat{\pi}}}\right) - \Phi\left(\frac{-a + \frac{1}{2n}}{\sigma_{\hat{\pi}}}\right)$$

$$= \Phi(u_{1-\alpha/2}) - \Phi(-u_{1-\alpha/2})$$

$$\frac{a - \frac{1}{2n}}{\sigma_{\hat{\pi}}} = u_{1-\alpha/2}$$

$$a = u_{1-\alpha/2} \cdot \sigma_{\hat{\pi}} + \frac{1}{2n} ,$$

$$P(\pi - u_{1-\alpha/2} \cdot \sigma_{\hat{\pi}} - \frac{1}{2n} < \hat{\pi} < \pi + u_{1-\alpha/2} \cdot \sigma_{\hat{\pi}} + \frac{1}{2n}) \doteq 1 - \alpha .$$

Beispiel 68:

Von 1000 Arbeitern eines Betriebes sind 800 Gewerkschaftsmitglieder. Es sollen 100 Arbeiter zufällig ausgewählt werden. Wie groß ist die Wahrscheinlichkeit, daß unter diesen mehr als 80 Prozent, aber weniger als 90 Prozent Gewerkschaftsmitglieder sind?

Es handelt sich um eine für die Hypergeometrische Verteilung bzw. Binomialverteilung typische Fragestellung; die Prozentzahlen kann man durch absolute Zahlen ersetzen. Bezugnehmend auf die vorangehende theoretische Darstellung kann die Aufgabe wie folgt gelöst werden:

Die Zufallsvariable $\hat{\pi}$ gibt den Anteil der Gewerkschaftsmitglieder unter den 100 ausgewählten Arbeitern an.

$$\hat{\pi} = \frac{1}{100} \sum_{i=1}^{100} X_i$$

$$X_i = \begin{cases} 1, & \text{falls der i-te ausgewählte Arbeiter Gewerkschaftsmitglied ist,} \\ 0, & \text{falls der i-te ausgewählte Arbeiter kein Gewerkschaftsmitglied ist,} \end{cases}$$

$i = 1, \ldots, 100$

$\pi = 0{,}8 \qquad n\pi(1-\pi) = 100 \cdot 0{,}8 \cdot 0{,}2 = 16 > 9$

$\hat{\pi}$ ist dann approximativ $N(0{,}8;\frac{0{,}16}{100}\cdot 0{,}90)$-verteilt (uneingeschränkte Zufallsstichprobe).

Gesucht ist $P(0{,}8 < \hat{\pi} < 0{,}9)$.

$$P(0{,}8 < \hat{\pi} < 0{,}9) \doteq \Phi\left(\frac{0{,}9 - \frac{1}{200} - 0{,}8}{\sqrt{\frac{0{,}16}{100}\cdot 0{,}90}}\right) - \Phi\left(\frac{0{,}8 + \frac{1}{200} - 0{,}8}{\sqrt{\frac{0{,}16}{100}\cdot 0{,}90}}\right)$$

$$= \Phi\left(\frac{0{,}095}{0{,}038}\right) - \Phi\left(\frac{0{,}005}{0{,}038}\right)$$

$$= \Phi(2{,}500) - \Phi(0{,}132)$$

$$= 0{,}9938 - 0{,}5525$$

$$= 0{,}4413 .$$

1.4 Stichprobenvarianz S_X^{*2}, S_X^2

Die Stichprobenvarianz ist unterschiedlich definiert, je nachdem, ob der Mittelwert der Grundgesamtheit bekannt oder unbekannt ist (vgl. Abschnitt II.2.2.2):

$$S_X^{*2} = \frac{1}{n}\sum_{i=1}^{n}(X_i-\mu_X)^2 \qquad \text{, falls } \mu \text{ bekannt,}$$

$$S_X^2 = \frac{1}{n-1}\sum_{i=1}^{n}(X_i-\bar{X})^2 \qquad \text{, falls } \mu \text{ unbekannt ist.}$$

Da die Stichprobenfunktionen S_X^{*2} bzw. S_X^2 nur für den Fall einer einfachen Zufallsstichprobe aus einer normalverteilten Grundgesamtheit betrachtet werden, soll hier sofort die Verteilung dieser Funktionen hergeleitet werden.

Unter den genannten Voraussetzungen ist

$$X_i \qquad N(\mu_X;\sigma_X^2)\text{-verteilt,} \qquad i = 1,\ldots,n$$

und somit

$$\frac{X_i-\mu_X}{\sigma_X} \qquad N(0;1)\text{-verteilt,} \qquad i = 1,\ldots,n.$$

Mit den Zufallsvariablen X_i sind auch die Zufallsvariablen

$\frac{X_i - \mu_X}{\sigma_X}$ $(i = 1, \ldots, n)$ insgesamt stochastisch unabhängig und es gilt (vgl. Abschnitt I.4.5):

$$\sum_{i=1}^{n} \left(\frac{X_i - \mu_X}{\sigma_X}\right)^2$$ ist χ^2-verteilt mit $\nu = n$ Freiheitsgraden

bzw.

$$\frac{nS_X^{*2}}{\sigma_X^2} = \sum_{i=1}^{n} \left(\frac{X_i - \mu_X}{\sigma_X}\right)^2$$ ist χ^2-verteilt mit $\nu = n$ Freiheitsgraden.

Zur Berechnung der Wahrscheinlichkeit, daß die χ^2-verteilte Zufallsvariable $\frac{nS_X^{*2}}{\sigma_X^2}$ in einem zentralen Schwankungsintervall der Wahrscheinlichkeit $1-\alpha$ $(0 < \alpha < 1)$ liegt, muß gelten (vgl. Abschnitt I.4.8):

$$P\left(x_1 < \frac{nS_X^{*2}}{\sigma_X^2} < x_2\right) = 1 - \alpha \quad ,$$

$$P\left(\frac{nS_X^{*2}}{\sigma_X^2} \leqq x_1\right) = \frac{\alpha}{2} \quad ,$$

$$P\left(\frac{nS_X^{*2}}{\sigma_X^2} \geqq x_2\right) = \frac{\alpha}{2} \quad .$$

Es folgt:

$$x_1 = \chi^2_{\alpha/2;n}$$

$$x_2 = \chi^2_{1-\alpha/2;n}$$

und

$$P\left(\chi^2_{\alpha/2;n} < \frac{nS_X^{*2}}{\sigma_X^2} < \chi^2_{1-\alpha/2;n}\right) = 1 - \alpha$$

sowie als zentrales Schwankungsintervall für S_X^{*2}:

$$P\left(\frac{\sigma_X^2 \chi^2_{\alpha/2;n}}{n} < S_X^{*2} < \frac{\sigma_X^2 \chi^2_{1-\alpha/2;n}}{n}\right) = 1 - \alpha \; .$$

Für die Zufallsvariable S_X^2 gilt:

$$\frac{(n-1)S_X^2}{\sigma_X^2} \quad \text{ist } \chi^2\text{-verteilt mit } \nu = n-1 \text{ Freiheitsgraden,}$$

$$P\left(\frac{\sigma_X^2 \chi^2_{\alpha/2;n-1}}{n-1} < S_X^2 < \frac{\sigma_X^2 \chi^2_{1-\alpha/2;n-1}}{n-1}\right) = 1 - \alpha .$$

1.5 Differenz von Stichprobenmittelwerten und Stichprobenanteilswerten

1.5.1 Verteilung der Differenz $\bar{X}-\bar{Y}$ von Stichprobenmittelwerten

Ausgangspunkt der Abschnitte II.1.1 bis II.1.4 war eine Zufallsstichprobe. In den Abschnitten II.1.5 und II.1.6 wird von zwei unabhängig gezogenen Zufallsstichproben aus zwei Gesamtheiten ausgegangen. Prinzipiell werden dieselben Bezeichnungen wie bisher verwendet, jedoch sind einige Ergänzungen notwendig. Die verwendeten Symbole werden in Übersicht 4 zusammengefaßt.

Beispiel 69:

In der Bundesrepublik Deutschland soll zur Erfassung des monatlichen Haushaltseinkommens eine Zufallsstichprobe aus allen privaten Haushalten gezogen werden. Eine vergleichbare Befragung soll in Frankreich durchgeführt werden.

Gesamtheit 1	Private Haushalte in der Bundesrepublik Deutschland
Gesamtheit 2	Private Haushalte in Frankreich.

Übersicht 4: Symbole im Zweistichprobenfall

Symbole bezogen auf Gesamtheit 1 Merkmal X		Symbole bezogen auf Gesamtheit 2 Merkmal Y
N_1	Umfang der Gesamtheit	N_2
n_1	Umfang der Zufallsstichprobe aus der Gesamtheit	n_2
μ_X	Mittelwert von X bzw. Y bzgl. der Gesamtheit	μ_Y
σ_X	Standardabweichung von X bzw. Y bzgl. der Gesamtheit	σ_Y
$(X_1,...,X_{n_1})$	Zufallsstichprobe aus der Gesamtheit	$(Y_1,...,Y_{n_2})$
$\bar{X} = \frac{1}{n_1} \sum_{i=1}^{n_1} X_i$	Stichprobenmittelwert	$\bar{Y} = \frac{1}{n_2} \sum_{i=1}^{n_2} Y_i$
S_X	Standardabweichung der Stichprobe	S_Y
$\sigma_{\bar{X}}$	Standardfehler von $\bar{X}$ bzw. $\bar{Y}$	$\sigma_{\bar{Y}}$
$S_{\bar{X}}$	Schätzer für den Standardfehler von $\bar{X}$ bzw. $\bar{Y}$	$S_{\bar{Y}}$

Die Realisationen der Zufallsvariablen werden weiterhin durch die entsprechenden Kleinbuchstaben gekennzeichnet.

Sofern die Grundgesamtheiten (bzw. die Merkmale) normalverteilt sind oder große Stichproben vorliegen, sind $\bar{X}$ und $\bar{Y}$ bei Vorliegen von uneingeschränkten oder einfachen Zufallsstichproben (zumindest approximativ) normalverteilt. Geht man von diesen Voraussetzungen und unabhängig gezogenen Stichproben $(X_1,...,X_{n_1})$, $(Y_1,...,Y_{n_2})$ aus, so folgt (ggf. näherungsweise), da $\bar{X}$ $N(\mu_X;\sigma_{\bar{X}}^2)$-verteilt und $\bar{Y}$ $N(\mu_Y;\sigma_{\bar{Y}}^2)$-verteilt ist, daß

$\bar{X} - \bar{Y}$ $\quad N(\mu_X - \mu_Y; \sigma_{\bar{X}}^2 + \sigma_{\bar{Y}}^2)$-verteilt und

$\dfrac{\bar{X} - \bar{Y} - (\mu_X - \mu_Y)}{\sqrt{\sigma_{\bar{X}}^2 + \sigma_{\bar{Y}}^2}}$ $\quad N(0;1)$-verteilt ist.

Bei einfachen Zufallsstichproben sind

$$\sigma_{\bar{X}}^2 = \frac{\sigma_X^2}{n_1}, \qquad \sigma_{\bar{Y}}^2 = \frac{\sigma_Y^2}{n_2},$$

bei uneingeschränkten Zufallsstichproben

$$\sigma_{\bar{X}}^2 = \frac{\sigma_X^2}{n_1} \cdot \frac{N_1 - n_1}{N_1 - 1}, \qquad \sigma_{\bar{Y}}^2 = \frac{\sigma_Y^2}{n_2} \cdot \frac{N_2 - n_2}{N_2 - 1}$$

zu verwenden.

Auf die Behandlung des Falls unbekannter Varianzen wird hier verzichtet; bei den Testverfahren wird dieser Fall eingeschlossen.

Beispiel 70:

Das durchschnittliche monatliche Einkommen von Frauen im Land A sei $N(2000;500^2)$-verteilt, das durchschnittliche monatliche Einkommen von Frauen im Land B $N(2500;100^2)$-verteilt. Aus der Gesamtheit der Frauen aus Land A werde eine einfache Zufallsstichprobe vom Umfang 20, aus der Gesamtheit der Frauen aus Land B unabhängig davon eine einfache Zufallsstichprobe vom Umfang 30 gezogen. Die ausgewählten Personen werden jeweils nach ihrem Einkommen befragt.

X_i sei die Zufallsvariable, die das Einkommen der i-ten Person der Stichprobe aus den Frauen von Land A angibt (analog Y_i).

X_i $N(2000;500^2)$-verteilt, $\quad i = 1,\ldots,20$

Y_i $N(2500;100^2)$-verteilt, $\quad i = 1,\ldots,30$,

$\bar{X} = \frac{1}{20} \sum_{i=1}^{20} X_i$ $\quad N(2000;\frac{500^2}{20})$-verteilt

$\bar{Y} = \frac{1}{30} \sum_{i=1}^{30} Y_i$ $\quad N(2500;\frac{100^2}{30})$-verteilt

$\bar{X} - \bar{Y}$ $\quad N(-500;\frac{500^2}{20} + \frac{100^2}{30})$-verteilt.

1.5.2 Verteilung der Differenz $\hat{\pi}_1-\hat{\pi}_2$ von Stichprobenanteilswerten

Geht man von zwei Bernoulli-verteilten Gesamtheiten aus, dann sei π_1 der Anteilswert in der Gesamtheit 1 und π_2 der Anteilswert in der Gesamtheit 2. $\hat{\pi}_1$ und $\hat{\pi}_2$ sollen die auf die jeweilige Gesamtheit bezogenen Stichprobenanteilswerte sein, die wieder als Mittelwerte Null-Eins-verteilter Zufallsvariablen aufzufassen sind. Die Realisationen von $\hat{\pi}_1$ und $\hat{\pi}_2$ werden p_1 und p_2 genannt.

Für $0{,}1 \leqq \pi_1 \leqq 0{,}9$ und $n\pi_1(1-\pi_1) > 9$ ist

$$\hat{\pi}_1 \quad \text{approximativ } N(\pi_1; \frac{\pi_1(1-\pi_1)}{n_1})\text{-verteilt,}$$

für $0{,}1 \leqq \pi_2 \leqq 0{,}9$ und $n\pi_2(1-\pi_2) > 9$ ist

$$\hat{\pi}_2 \quad \text{approximativ } N(\pi_2; \frac{\pi_2(1-\pi_2)}{n_2})\text{-verteilt,}$$

sofern von einfachen Zufallsstichproben ausgegangen wird (vgl. Abschnitt I.5.4). Falls die Stichproben unabhängig gezogen werden, ist dann

$$\hat{\pi}_1-\hat{\pi}_2 \quad \text{approximativ } N(\pi_1-\pi_2; \frac{\pi_1(1-\pi_1)}{n_1} + \frac{\pi_2(1-\pi_2)}{n_2})\text{-verteilt.}$$

Bei uneingeschränkten Zufallsstichproben ist bei der Varianz von $\hat{\pi}_1$ bzw. der Varianz von $\hat{\pi}_2$ der Korrekturfaktor

$$\frac{N_1-n_1}{N_1-1} \doteq 1 - \frac{n_1}{N_1} \quad \text{bzw.} \quad \frac{N_2-n_2}{N_2-1} \doteq 1 - \frac{n_2}{N_2}$$

zu berücksichtigen.

1.6 Verteilung des Quotienten von Stichprobenvarianzen

Betrachtet werden jetzt die Stichprobenvarianzen S_X^2, S_Y^2 zweier einfacher, unabhängig gezogener Zufallsstichproben. Es wird vorausgesetzt, daß die beiden Grundgesamtheiten normalverteilt sind.

$$Z_1 = \frac{(n_1-1)\, S_X^2}{\sigma_X^2}$$ ist $\chi^2(n_1-1)$-verteilt,

$$Z_2 = \frac{(n_2-1)\, S_Y^2}{\sigma_Y^2}$$ ist $\chi^2(n_2-1)$-verteilt.

Dann ist

$$\frac{Z_1}{n_1-1} : \frac{Z_2}{n_2-1} = \frac{S_X^2}{S_Y^2} \cdot \frac{\sigma_Y^2}{\sigma_X^2}$$ F-verteilt mit $\nu_1 = n_1-1$ und $\nu_2 = n_2-1$ Freiheitsgraden (vgl. Abschnitt I.4.7).

Ziel des Abschnitts II.1: Theoretische Darstellung von Stichproben, Stichprobenfunktionen und Stichprobenverteilungen als Grundlage für Schätz- und Testverfahren.

Inhalt:

Zufallsstichprobe $(X_1,...,X_n)$

Stichprobe, deren Elemente durch Zufallsauswahl aus der Grundgesamtheit G gewonnen wurden.

Uneingeschränkte Zufallsstichprobe

Zufallsstichprobe, deren Komponenten $X_1,...,X_n$ identisch verteilt sind.

Unabhängige Zufallsstichprobe

Zufallsstichprobe, deren Komponenten $X_1,...,X_n$ insgesamt stochastisch unabhängig sind.

Einfache Zufallsstichprobe

Uneingeschränkte und unabhängige Zufallsstichprobe.

Stichprobenfunktion

Funktion $T = T(X_1,...,X_n)$ eines Stichprobenvektors, die nicht von unbekannten Parametern abhängt.

Stichprobenverteilung

Verteilung einer Stichprobenfunktion T, $V\{T\}$ heißt Fehlervarianz, $\sqrt{V\{T\}}$ Standardfehler von T.

In der folgenden Zusammenfassung wird von einfachen Zufallsstichproben (Ziehen mit Zurücklegen oder vergleichbar) ausgegangen. Bei uneingeschränkten Zufallsstichproben sind - sofern der Fall in Abschnitt II.1 betrachtet wurde und $\frac{n}{N} > 0{,}05$ ist - die Korrekturfaktoren zu berücksichtigen; dabei muß $n \leq \frac{N}{2}$ sein.

Voraussetzungen	Stichprobenfunktion	Stichprobenverteilung (ggf. approximativ)
G - $N(\mu_X;\sigma_X^2)$-verteilt oder - beliebig verteilt und $n > 40$	$\bar{X} = \frac{1}{n} \sum_{i=1}^{n} X_i$	$N(\mu_X;\frac{\sigma_X^2}{n})$
	$U = \frac{\bar{X}-\mu_X}{\sigma_{\bar{X}}}$ mit $\sigma_{\bar{X}} = \frac{\sigma_X}{\sqrt{n}}$	$N(0;1)$
	$T = \frac{\bar{X}-\mu_X}{S_{\bar{X}}}$ mit $S_{\bar{X}} = \frac{S_X}{\sqrt{n}}$	$t(n-1)$, falls G normalverteilt, $N(0;1)$, falls $n > 40$
G Bernoulli-verteilt mit Parameter π, $0{,}1 \leq \pi \leq 0{,}9$ $n\pi(1-\pi) > 9$	$\hat{\pi} = \frac{1}{n} \sum_{i=1}^{n} X_i$	$N(\pi;\frac{\pi(1-\pi)}{n})$
	$U = \frac{\hat{\pi}-\pi}{\sigma_{\hat{\pi}}}$ mit $\sigma_{\hat{\pi}} = \sqrt{\frac{\pi(1-\pi)}{n}}$	$N(0;1)$
G $N(\mu_X;\sigma_X^2)$-verteilt	$\frac{nS_X^{*2}}{\sigma_X^2}$ mit $S_X^{*2} = \frac{1}{n} \sum_{i=1}^{n} (X_i-\mu_X)^2$	$\chi^2(n)$
	$\frac{(n-1)S_X^2}{\sigma_X^2}$ mit $S_X^2 = \frac{1}{n-1} \sum_{i=1}^{n} (X_i-\bar{X})^2$	$\chi^2(n-1)$

Voraussetzungen	Stichprobenfunktion	Stichprobenverteilung (ggf. approximativ)
Unabhängig gezogene Stichproben; G_1, G_2 - $N(\mu_X;\sigma_X^2)$-verteilt, $N(\mu_Y;\sigma_Y^2)$-verteilt oder - beliebig verteilt und $n_1, n_2 > 40$	$\bar{X} - \bar{Y}$	$N(\mu_X-\mu_Y;\frac{\sigma_X^2}{n_1} + \frac{\sigma_Y^2}{n_2})$
Unabhängig gezogene Stichproben; G_1, G_2 Bernoulli-verteilt mit Parametern π_1, π_2 $0{,}1 \leq \pi_1, \pi_2 \leq 0{,}9$ $n_1\pi_1(1-\pi_1) > 9$ $n_2\pi_2(1-\pi_2) > 9$	$\hat{\pi}_1 - \hat{\pi}_2$	$N(\pi_1-\pi_2;\frac{\pi_1(1-\pi_1)}{n_1} + \frac{\pi_2(1-\pi_2)}{n_2})$
Unabhängig gezogene Stichproben; G_1 $N(\mu_X;\sigma_X^2)$-, G_2 $N(\mu_Y;\sigma_Y^2)$-verteilt	$\frac{S_X^2}{S_Y^2} \cdot \frac{\sigma_Y^2}{\sigma_X^2}$	$F(n_1-1, n_2-1)$

Wahrscheinlichkeitsaussagen und zentrale Schwankungsintervalle der Wahrscheinlichkeit 1-α $(0 < \alpha < 1)$ (Voraussetzungen wie oben):

Für $\bar{X}$, falls $\bar{X}$ (zumindest approximativ) $N(\mu_X;\frac{\sigma_X^2}{n})$-verteilt ist $(\sigma_{\bar{X}} = \frac{\sigma_X}{\sqrt{n}})$:

$$P(x_1 < \bar{X} < x_2) = \Phi(\frac{x_2-\mu_X}{\sigma_{\bar{X}}}) - \Phi(\frac{x_1-\mu_X}{\sigma_{\bar{X}}})$$

$$P(\mu_X - u_{1-\alpha/2}\cdot\sigma_{\bar{X}} < \bar{X} < \mu_X + u_{1-\alpha/2}\cdot\sigma_{\bar{X}}) = 1-\alpha\ ,$$

falls σ_X^2 bekannt,

$$P(x_1 < \bar{X} < x_2) = \Phi(\frac{x_2-\mu_X}{s_{\bar{X}}}) - \Phi(\frac{x_1-\mu_X}{s_{\bar{X}}})$$

$$P(\mu_X - u_{1-\alpha/2}\cdot s_{\bar{X}} < \bar{X} < \mu_X + u_{1-\alpha/2}\cdot s_{\bar{X}}) = 1-\alpha\ ,$$

falls σ_X^2 unbekannt und $n > 40$. Für $n \leq 40$ ist in diesem Fall die t-Verteilung zu verwenden.

Für $\hat{\Pi}$, falls $0{,}1 \leq \pi \leq 0{,}9$, $n\pi(1-\pi) > 9$ $(\sigma_{\hat{\Pi}} = \sqrt{\frac{\pi(1-\pi)}{n}})$:

$$P(p_1 < \hat{\Pi} < p_2) \doteq \Phi(\frac{p_2 - \frac{1}{2n} - \pi}{\sigma_{\hat{\Pi}}}) - \Phi(\frac{p_1 + \frac{1}{2n} - \pi}{\sigma_{\hat{\Pi}}})$$

$$P(\pi - u_{1-\alpha/2}\cdot\sigma_{\hat{\Pi}} - \frac{1}{2n} < \hat{\Pi} < \pi + u_{1-\alpha/2}\cdot\sigma_{\hat{\Pi}} + \frac{1}{2n}) \doteq 1-\alpha\ .$$

Für S_X^{*2}, falls $\frac{nS_X^{*2}}{\sigma_X^2}$ $\chi^2(n)$-verteilt ist:

$$P(\frac{\sigma_X^2\chi^2_{\alpha/2;n}}{n} < S_X^{*2} < \frac{\sigma_X^2\chi^2_{1-\alpha/2;n}}{n}) = 1-\alpha\ .$$

Für S_X^2, falls $\frac{(n-1)S_X^2}{\sigma_X^2}$ $\chi^2(n-1)$-verteilt ist:

$$P(\frac{\sigma_X^2\chi^2_{\alpha/2;n-1}}{n-1} < S_X^2 < \frac{\sigma_X^2\chi^2_{1-\alpha/2;n-1}}{n-1}) = 1-\alpha\ .$$

2 STATISTISCHE SCHÄTZVERFAHREN

2.1 Grundbegriffe

In der Stichprobentheorie waren u.a. Intervalle bestimmt worden, in denen der Stichprobenmittelwert oder die Stichprobenvarianz mit einer vorgegebenen Wahrscheinlichkeit liegen. Dieses Vorgehen kann man auch als Schluß von der Gesamtheit auf die Stichprobe bezeichnen. Wichtiger ist der umgekehrte Schluß: Aus einer Stichprobe soll auf unbekannte Parameter der Grundgesamtheit geschlossen werden.

Um beispielsweise das monatliche Einkommen pro Haushalt in der Gemeinde A im Monat April 1986 zu ermitteln, könnte man alle Haushalte dieser Gemeinde nach ihrem Einkommen im Monat April 1986 befragen und daraus die interessierende Größe berechnen. Dieses Vorgehen scheitert u.a. daran, daß es umständlich und langwierig ist, alle Haushalte in die Befragung einzubeziehen. In der Praxis wird eine Gesamterhebung daher häufig durch eine Stichprobe ersetzt, aus deren Resultaten die relevanten Größen der Gesamtheit geschätzt werden können, sofern bestimmte Voraussetzungen erfüllt sind. Dabei spielt die in Abschnitt II.1 dargelegte Stichprobentheorie eine grundlegende Rolle.

θ sei der zu schätzende unbekannte Parameter einer Verteilung. Alle reellen Werte, die θ annehmen kann, ergeben die Menge Θ der zulässigen Werte des Parameters. Im folgenden soll eine Schätzung mit Hilfe einer Zufallsstichprobe $(X_1,\dots,X_n)$ vorgenommen werden. Als Schätzfunktion oder Schätzer für θ wird dann eine Stichprobenfunktion $T = T(X_1,\dots,X_n)$ bezeichnet, mit der aus der Stichprobe $(X_1,\dots,X_n)$ auf den unbekannten Parameter geschlossen werden kann; diese Funktion ist eine Zufallsvariable. Den Wert t, den die Schätzfunktion T für eine konkrete Zufallsstichprobe annimmt, nennt man einen Schätzwert $\hat{\theta}$ für θ: $\hat{\theta} = t = T(x_1,\dots,x_n)$.

Um aus der Fülle der denkbaren Schätzfunktionen für einen Parameter eine (oder mehrere) auszuwählen, kann man fordern, daß eine Schätzfunktion bestimmte Eigenschaften aufweisen soll:

Eine Schätzfunktion $T = T(X_1,...,X_n)$ für den Parameter θ heißt

- erwartungstreu oder unverzerrt, falls $E\{T(X_1,...,X_n)\} = \theta$ für alle $\theta\in\Theta$ und alle $n\in\mathbb{N}$ gilt; die Schätzfunktion T führt dann im Mittel zum wahren Wert. Sofern nur $\lim_{n\to\infty} E\{T(X_1,...,X_n)\} = \theta$ ist, spricht man von asymptotischer Erwartungstreue.
- effizient, falls $T(X_1,...,X_n)$ für alle $\theta\in\Theta$ erwartungstreu ist und unter allen erwartungstreuen Schätzern für θ bei gleichem Stichprobenumfang die geringste Varianz hat.

Eine Folge von Schätzfunktionen $T(X_1), T(X_1,X_2), T(X_1,X_2,X_3),...$ für den Parameter θ heißt konsistent, falls für beliebige $\varepsilon > 0$

$$\lim_{n\to\infty} P(|T(X_1,...,X_n)-\theta| > \varepsilon) = 0 \qquad \text{für alle } \theta\in\Theta \text{ gilt.}$$

Die Wahrscheinlichkeit dafür, daß $T(X_1,...,X_n)$ um mehr als ε vom unbekannten Parameter θ abweicht, strebt für n gegen unendlich gegen Null (vgl. Gesetz der großen Zahlen in Abschnitt I.5.2).

Auf weitere Eigenschaften von Schätzfunktionen soll hier nicht eingegangen werden.

2.2 Schätzfunktionen

2.2.1 Konstruktion von Schätzfunktionen

Obwohl man prinzipiell bei der Konstruktion von Schätzfunktionen keinen Einschränkungen unterworfen ist, erscheint es sinnvoll, Schätzfunktionen mit Hilfe bestimmter Methoden zu entwickeln und die Eigenschaften dieser Schätzer zu prüfen.

An dieser Stelle sollen - ausgehend von einer mindestens uneingeschränkten Zufallsstichprobe $(X_1,\ldots,X_n)$ - kurz drei Methoden zur Gewinnung von Schätzfunktionen betrachtet werden:

die Momentenmethode,

die Maximum-Likelihood-Methode und

die Methode der kleinsten Quadrate.

Prinzip der Momentenmethode ist es, den zu schätzenden Parameter θ einer Verteilung mit Hilfe von Anfangsmomenten (vgl. Abschnitt I.2.3) der Verteilung darzustellen und anschließend diese Momente durch die vergleichbaren (empirischen) Momente aus der Stichprobe zu ersetzen. $\frac{1}{n}\sum_{i=1}^{n} X_i^r$ ist dabei das dem r-ten Anfangsmoment vergleichbare r-te empirische Moment aus der Stichprobe, $\frac{1}{n}\sum_{i=1}^{n} x_i^r$ dessen Realisation $(r \in \mathbb{N})$.

Beispiel 71:

Der Mittelwert μ einer beliebig verteilten Grundgesamtheit sei unbekannt. Der Parameter μ ist gleich dem ersten Anfangsmoment der Verteilung: $\mu = \mu_1$. Das korrespondierende empirische Moment ist $\frac{1}{n}\sum_{i=1}^{n} X_i$. Als Schätzfunktion für μ verwendet man daher $\bar{X} = \frac{1}{n}\sum_{i=1}^{n} X_i$.

$\bar{X}$ ist erwartungstreu, da

$$E\{\bar{X}\} = E\{\frac{1}{n}\sum_{i=1}^{n} X_i\} = \frac{1}{n} E\{\sum_{i=1}^{n} X_i\} = \frac{1}{n}\sum_{i=1}^{n} E\{X_i\}$$

$$= \frac{1}{n}\sum_{i=1}^{n} \mu = \frac{1}{n} n\mu = \mu$$

gilt.

Bei der Maximum-Likelihood-Methode wird der Parameter θ so geschätzt, daß - falls X diskret ist - die Wahrscheinlichkeit bzw. - falls X stetig ist - die Wahrscheinlichkeitsdichte für das Auftreten der mittels einer einfachen Zufallsstichprobe gewonnenen konkreten Stichprobe $(x_1,\ldots,x_n)$ maximiert wird:

$$L(\theta|x_1,\ldots,x_n) = \prod_{i=1}^{n} f(x_i|\theta) .$$

$L(\theta|x_1,...,x_n)$ bezeichnet man als Likelihood-Funktion. $f(x_i|\theta)$ ist die von θ abhängige Wahrscheinlichkeitsfunktion oder Wahrscheinlichkeitsdichtefunktion von X an der Stelle x_i.

Das unbekannte θ soll so gewählt werden, daß L maximal wird. Diese Maximierungsaufgabe löst man meist dadurch, daß man $\ln L(\theta|x_1,...,x_n)$ statt $L(\theta|x_1,...,x_n)$ untersucht; dies ist möglich, da $L(\theta|x_1,...,x_n)$ positiv ist und die Lage des gesuchten Maximums sich durch die Transformation nicht ändert.

Beispiel 72:

Eine Grundgesamtheit sei $N(\mu;\sigma^2)$-verteilt. Der unbekannte Parameter μ soll mittels einer einfachen Zufallsstichprobe unter Verwendung der Maximum-Likelihood-Methode geschätzt werden $(\theta = \mu)$.

$$f(x_i|\mu) = \frac{1}{\sqrt{2\pi}\,\sigma} e^{-\frac{(x_i-\mu)^2}{2\sigma^2}} \qquad i = 1,...,n$$

$$L(\mu|x_1,...,x_n) = \prod_{i=1}^{n} \frac{1}{\sqrt{2\pi}\,\sigma} e^{-\frac{(x_i-\mu)^2}{2\sigma^2}}$$

$$= \left(\frac{1}{\sqrt{2\pi}\,\sigma}\right)^n e^{-\frac{1}{2\sigma^2}\sum_{i=1}^{n}(x_i-\mu)^2} .$$

Der Schätzwert $\hat{\mu}$ ist so zu wählen, daß $L(\mu|x_1,...,x_n)$ bei gegebenem $x_1,...,x_n$ maximal wird. Dies ist offenbar dann der Fall, wenn $\hat{\mu}$ so bestimmt wird, daß

$$\ln L(\hat{\mu}|x_1,...,x_n) = -n \ln \sqrt{2\pi}\,\sigma - \frac{1}{2\sigma^2}\sum_{i=1}^{n}(x_i-\hat{\mu})^2$$

maximal wird.

Für die erste Ableitung von $\ln L(\hat{\mu}|x_1,...,x_n)$ nach $\hat{\mu}$ gilt:

$$[\ln L(\hat{\mu}|x_1,...,x_n)]' = \frac{1}{\sigma^2}\sum_{i=1}^{n}(x_i-\hat{\mu}) .$$

Setzt man die erste Ableitung gleich Null, so folgt:

$$\hat{\mu} = \frac{1}{n}\sum_{i=1}^{n} x_i \qquad \text{als Schätzwert}$$

bzw. $$\bar{X} = \frac{1}{n}\sum_{i=1}^{n} X_i \qquad \text{als Schätzfunktion für } \mu.$$

Die zweite Ableitung von $\ln L(\hat{\mu}|x_1,...,x_n)$ ist negativ $(-\frac{n}{\sigma^2})$, die

Likelihood-Funktion hat daher an der Stelle $\hat{\mu} = \frac{1}{n} \sum_{i=1}^{n} x_i$ ein Maximum.

Die Methode der kleinsten Quadrate baut darauf auf, daß $E\{X_i\}$ eine Funktion des unbekannten Parameters θ ist:

$$E\{X_i\} = g_i(\theta) \qquad i = 1,\ldots,n.$$

Eine Schätzfunktion für den unbekannten Parameter θ ist dann so zu bestimmen, daß die Zufallsstichprobe im folgenden Sinne möglichst wenig vom Erwartungswert $E\{X_i\}$ abweicht:

$$\sum_{i=1}^{n} (X_i - E\{X_i\})^2 = \sum_{i=1}^{n} (X_i - g_i(\theta))^2$$

soll minimiert werden.

<u>Beispiel 73</u>:

Ist der Mittelwert μ einer Grundgesamtheit der unbekannte Parameter, so ist $g_i(\theta) = \mu$. Bei gegebener konkreter Zufallsstichprobe $(x_1,\ldots,x_n)$ und Verwendung der Methode der kleinsten Quadrate ist $\hat{\mu}$ so zu bestimmen, daß $\sum_{i=1}^{n} (x_i - \hat{\mu})^2$ minimal wird.

Aus $\quad [\sum_{i=1}^{n} (x_i - \hat{\mu})^2]' = -2 \sum_{i=1}^{n} (x_i - \hat{\mu})$ und $\sum_{i=1}^{n} (x_i - \hat{\mu}) = 0$

folgt: $\quad \hat{\mu} = \frac{1}{n} \sum_{i=1}^{n} x_i \qquad$ als Schätzwert

bzw. $\quad \bar{X} = \frac{1}{n} \sum_{i=1}^{n} X_i \qquad$ als Schätzfunktion.

Die zweite Ableitung von $\sum_{i=1}^{n} (x_i - \hat{\mu})^2$ ist positiv (2n), die Funktion hat daher an der Stelle $\hat{\mu} = \frac{1}{n} \sum_{i=1}^{n} x_i$ ein Minimum.

Bei <u>diesem</u> Beispiel ergibt sich bei allen drei Methoden dieselbe Schätzfunktion; bei Anwendung der Maximum-Likelihood-Methode mußte jedoch eine Annahme über die Verteilung der Grundgesamtheit gemacht werden.

Eine Schätzfunktion führt zu <u>einem</u> Wert für den zu schätzenden Parameter. Man bezeichnet sie daher auch als <u>Punktschätzer</u>.

In den beiden vorangehenden Abschnitten wurde davon ausgegangen, daß nur ein Parameter zu schätzen ist. Der allgemeinere Fall mehrerer Parameter kann analog behandelt werden.

2.2.2 Ausgewählte Schätzfunktionen

Erwartungstreue, effiziente und konsistente Schätzfunktionen sind unter der Voraussetzung einer einfachen Zufallsstichprobe u.a.:

$\bar{X} = \frac{1}{n} \sum_{i=1}^{n} X_i$ für den Parameter μ_X der Normalverteilung,

$S_X^{*2} = \frac{1}{n} \sum_{i=1}^{n} (X_i - \mu_X)^2$ für den Parameter σ_X^2 der Normalverteilung bei bekanntem μ_X,

$S_X^2 = \frac{1}{n-1} \sum_{i=1}^{n} (X_i - \bar{X})^2$ für den Parameter σ_X^2 der Normalverteilung bei unbekanntem μ_X,

$\hat{\pi} = \frac{1}{n} \sum_{i=1}^{n} X_i$ für den Parameter π der Bernoulliverteilung.

Die Schätzfunktionen $\bar{X}$, S_X^{*2}, S_X^2 sind unabhängig von der Verteilung der Grundgesamtheit erwartungstreu. Sie finden daher auch unabhängig von der Verteilung der Grundgesamtheit als Punktschätzer für Mittelwert und Varianz einer Grundgesamtheit Verwendung.

2.3 Intervallschätzung

2.3.1 Konstruktion von Konfidenzintervallen

Es sei $\bar{X} = \frac{1}{n} \sum_{i=1}^{n} X_i$ eine Stichprobenfunktion einer einfachen Zufallsstichprobe aus einer normalverteilten Grundgesamtheit mit dem unbekannten Mittelwert μ_X und der Varianz σ_X^2.

Da die X_i $(i=1,\dots,n)$ $N(\mu_X;\sigma_X^2)$-verteilt sind, ist $\bar{X}$ $N(\mu_X;\frac{\sigma_X^2}{n})$-verteilt und für das zentrale Schwankungsintervall für $\bar{X}$ gilt (vgl. Abschnitt II.1.2.2):

$$P(\mu_X - u_{1-\alpha/2}\cdot\sigma_{\bar{X}} < \bar{X} < \mu_X + u_{1-\alpha/2}\cdot\sigma_{\bar{X}}) = 1-\alpha$$

mit $\sigma_{\bar{X}} = \frac{\sigma_X}{\sqrt{n}}$.

Durch einfache Umformungen folgt:

$$P(\mu_X - u_{1-\alpha/2}\cdot\sigma_{\bar{X}} < \bar{X} < \mu_X + u_{1-\alpha/2}\cdot\sigma_{\bar{X}})$$

$$= P(-u_{1-\alpha/2}\cdot\sigma_{\bar{X}} < \bar{X} - \mu_X < u_{1-\alpha/2}\cdot\sigma_{\bar{X}})$$

$$= P(-\bar{X} - u_{1-\alpha/2}\cdot\sigma_{\bar{X}} < -\mu_X < -\bar{X} + u_{1-\alpha/2}\cdot\sigma_{\bar{X}})$$

$$= P(\bar{X} + u_{1-\alpha/2}\cdot\sigma_{\bar{X}} > \mu_X > \bar{X} - u_{1-\alpha/2}\cdot\sigma_{\bar{X}})$$

$$= P(\bar{X} - u_{1-\alpha/2}\cdot\sigma_{\bar{X}} < \mu_X < \bar{X} + u_{1-\alpha/2}\cdot\sigma_{\bar{X}})$$

$$= 1 - \alpha \; .$$

Mit $\bar{X}$ sind auch die Intervallgrenzen - nicht etwa der unbekannte Parameter μ_X - Zufallsvariablen. Die Wahrscheinlichkeit, daß das Intervall $]\bar{X}-u_{1-\alpha/2}\cdot\sigma_{\bar{X}};\bar{X}+u_{1-\alpha/2}\cdot\sigma_{\bar{X}}[$ den unbekannten Parameter μ_X enthält, ist $1-\alpha$, d.h. bei wiederholter Schätzung eines Konfidenzintervalls unter gleichbleibenden Bedingungen werden $(1-\alpha)\cdot 100\%$ der Intervalle den unbekannten Parameter überdecken. Während $\bar{X}$ Punktschätzer für μ_X ist, bezeichnet man das Intervall $]\bar{X}-u_{1-\alpha/2}\cdot\sigma_{\bar{X}};\bar{X}+u_{1-\alpha/2}\cdot\sigma_{\bar{X}}[$ als Konfidenzintervall für μ_X mit dem Konfidenzniveau $1-\alpha$.

Die oben dargelegte Herleitung eines Konfidenzintervalls kann auch bei beliebig verteilter Grundgesamtheit und einfacher oder uneingeschränkter Zufallsstichprobe vorgenommen werden, sofern $\bar{X}$ (approximativ) normalverteilt ist. Ebenso kann der Fall eingeschlossen werden, daß die Varianz σ_X^2 unbekannt ist.

Die beispielhafte Einführung von Konfidenzintervallen wird im folgenden durch eine allgemeine Definition ergänzt.

Gilt für zwei Stichprobenfunktionen

$$T_1 = T_1(X_1,\ldots,X_n;\alpha) \quad \text{und}$$
$$T_2 = T_2(X_1,\ldots,X_n;\alpha)$$

mit $T_1 < T_2$ und $0 < \alpha < 1$ für alle $\theta \in \Theta$ bei stetigen Zufallsvariablen $P(T_1 < \theta < T_2) = 1-\alpha$ bzw. bei diskreten Zufallsvariablen $P(T_1 < \theta < T_2) \geqq 1-\alpha$, dann nennt man $]T_1,T_2[$ ein Konfidenzintervall für θ mit dem Konfidenzniveau (Konfidenzkoeffizienten) $1-\alpha$. Den Konfidenzkoeffizienten wird man nahe 1 wählen, da dann die Wahrscheinlichkeit, daß ein Konfidenzintervall den unbekannten Parameter nicht überdeckt, klein ist.

T_1 und T_2 sind Funktionen von $X_1,\ldots,X_n$ und α. Für eine konkrete Zufallsstichprobe $x_1,\ldots,x_n$ (und festes α) geben die Realisationen

$$t_1 = T_1(x_1,\ldots,x_n;\alpha), \qquad t_2 = T_2(x_1,\ldots,x_n;\alpha)$$

die Grenzen eines konkreten Konfidenzintervalls an. Für dieses sind keine Wahrscheinlichkeitsaussagen möglich; entweder schließt es den unbekannten Parameter ein oder nicht. Von einem zentralen Konfidenzintervall spricht man, falls $P(T_1 \geqq \theta) = P(T_2 \leqq \theta) = \frac{\alpha}{2}$ ist.

Beispiel 74:

In der beispielhaften Darstellung vom Beginn dieses Abschnitts ergab sich $]\bar{X}-u_{1-\alpha/2}\cdot\sigma_{\bar{X}}\,;\,\bar{X}+u_{1-\alpha/2}\cdot\sigma_{\bar{X}}[$ als Konfidenzintervall für den Parameter μ_X beim Konfidenzniveau $1-\alpha$.

Somit ist $\quad T_1 = \bar{X}-u_{1-\alpha/2}\cdot\sigma_{\bar{X}} \qquad T_2 = \bar{X}+u_{1-\alpha/2}\cdot\sigma_{\bar{X}}$.

Da $P(T_1 \geqq \mu_X) = P(\bar{X}-u_{1-\alpha/2}\cdot\sigma_{\bar{X}} \geqq \mu_X) = P(\bar{X} \geqq \mu_X + u_{1-\alpha/2}\cdot\sigma_{\bar{X}}) = P(\frac{\bar{X}-\mu_X}{\sigma_{\bar{X}}} \geqq u_{1-\alpha/2}) = \frac{\alpha}{2}$

und ebenso $P(T_2 \leqq \mu_X) = \frac{\alpha}{2}$ ist, liegt ein zentrales Konfidenzintervall vor.

2.3.2 Konkrete Konfidenzintervalle für μ_X, π und σ_X^2

Nachdem oben dargelegt worden ist, wie man ein Konfidenzintervall konstruiert, werden jetzt in einer knappen Darstellung konkrete Konfidenzintervalle für μ_X, π und σ_X^2 angegeben. Die Herleitung dieser Intervalle kann unter Verwendung der Verteilungen der Stichprobenfunktionen $\bar{X}$, $\hat{\Pi}$, S_X^2 wie eben erfolgen. Die folgenden Übersichten enthalten die Grenzen der konkreten (offenen) Konfidenzintervalle für μ_X und π, wobei die Abhängigkeit der Grenzen von den (angekreuzten) Voraussetzungen zu beachten ist. Bei einer uneingeschränkten Zufallsstichprobe wird $n \leq \frac{N}{2}$ vorausgesetzt; falls in diesem Fall der Auswahlsatz kleiner oder gleich fünf Prozent ist ($\frac{n}{N} \leq 0{,}05$), kann die Endlichkeitskorrektur entfallen.

Übersicht 5: Konkrete Konfidenzintervalle für den Mittelwert μ_X einer Gesamtheit

X_i $i=1,\ldots,n$: $N(\mu_X;\sigma_X^2)$-verteilt	X_i $i=1,\ldots,n$: beliebig verteilt $n > 40$		Grenzen des Konfidenzintervalls zum Konfidenzniveau $1-\alpha$
Zufallsstichprobe: einfach	Zufallsstichprobe: einfach	Zufallsstichprobe: uneingeschränkt	
x			Falls σ_X^2 bekannt: $\bar{x} \mp u_{1-\alpha/2} \frac{\sigma_X}{\sqrt{n}}$
x			Falls σ_X^2 unbekannt: $\bar{x} \mp t_{1-\alpha/2;n-1} \frac{s_X}{\sqrt{n}}$
	x		Falls σ_X^2 bekannt: $\bar{x} \mp u_{1-\alpha/2} \frac{\sigma_X}{\sqrt{n}}$
	x		Falls σ_X^2 unbekannt: $\bar{x} \mp u_{1-\alpha/2} \frac{s_X}{\sqrt{n}}$
		x	Falls σ_X^2 bekannt: $\bar{x} \mp u_{1-\alpha/2} \frac{\sigma_X}{\sqrt{n}} \cdot \sqrt{\frac{N-n}{N-1}}$
		x	Falls σ_X^2 unbekannt: $\bar{x} \mp u_{1-\alpha/2} \frac{s_X}{\sqrt{n}} \cdot \sqrt{\frac{N-n}{N-1}}$

Beispiel 75:

Eine uneingeschränkte Zufallsstichprobe vom Umfang 100 aus der Jahresproduktion von 1 000 000 Motoren eines Motorenwerks ergab eine mittlere Lebensdauer pro Motor von 2050 Betriebsstunden bei einer Stichprobenvarianz von 400^2 $(\text{Stunden})^2$. Man bestimme ein Konfidenzintervall für die mittlere Lebensdauer μ aller Motoren einer Jahresproduktion bei einem Konfidenzniveau von $1-\alpha = 0{,}95$.

Obwohl eine uneingeschränkte Zufallsstichprobe vorlag, kann der Ansatz der einfachen Zufallsstichprobe verwendet werden, da der Auswahlsatz kleiner als fünf Prozent ist.

Konkretes Konfidenzintervall:

$$]\bar{x} - u_{1-\alpha/2} \cdot \frac{s_X}{\sqrt{n}} ; \bar{x} + u_{1-\alpha/2} \cdot \frac{s_X}{\sqrt{n}}[$$

$$\bar{x} = 2050 \qquad u_{1-\alpha/2} = u_{0,975} = 1{,}96$$

$$s_X = 400 \qquad n = 100$$

$$u_{1-\alpha/2} \frac{s_X}{\sqrt{n}} = 1{,}96 \cdot \frac{400}{10} = 78{,}4 .$$

Das gesuchte Konfidenzintervall für μ zum Konfidenzniveau 0,95 ist $]1971{,}6;2128{,}4[$.

Übersicht 6: Konkrete Konfidenzintervalle für den Anteilswert π einer Gesamtheit

Vor.: X_i, $i=1,\dots,n$, Bernoulli-verteilt; $0{,}1 \leqq p \leqq 0{,}9$; $np(1-p) > 9$

Zufallsstichprobe einfach	Zufallsstichprobe uneingeschränkt	Grenzen des Konfidenzintervalls zum Konfidenzniveau $1-\alpha$
x		$p \mp \frac{1}{2n} \mp u_{1-\alpha/2} \cdot \sqrt{\frac{p(1-p)}{n}}$
	x	$p \mp \frac{1}{2n} \mp u_{1-\alpha/2} \cdot \sqrt{\frac{p(1-p)}{n} \cdot \frac{N-n}{N-1}}$

Beispiel 76:

Eine einfache Zufallsstichprobe vom Umfang 144 aus den Haushalten einer Stadt ergab, daß 80% der Haushalte dieser Stichprobe einen Farbfernseher besitzen. Man bestimme ein Konfidenzintervall für den Anteil der Haushalte mit Farbfernsehern an allen Haushalten dieser Stadt (Konfidenzniveau $1-\alpha = 0{,}90$).

$p = 0{,}80 \quad n = 144$

Die Voraussetzungen zur Anwendung der Formeln aus Übersicht 6 ($0{,}1 \leq p \leq 0{,}9$ und $np(1-p) > 9$) sind erfüllt.

Konkretes Konfidenzintervall:

$$\left]p - \frac{1}{2n} - u_{1-\alpha/2}\sqrt{\frac{p(1-p)}{n}}\,;\; p + \frac{1}{2n} + u_{1-\alpha/2}\sqrt{\frac{p(1-p)}{n}}\right[$$

$$u_{1-\alpha/2} = u_{0,95} = 1{,}6449$$

$$\frac{1}{2n} = 0{,}0035$$

$$u_{1-\alpha/2}\sqrt{\frac{p(1-p)}{n}} = 1{,}6449 \cdot \sqrt{\frac{0{,}80 \cdot 0{,}20}{144}} = 0{,}0548$$

$$p - \frac{1}{2n} - u_{1-\alpha/2}\sqrt{\frac{p(1-p)}{n}} = 0{,}74$$

$$p + \frac{1}{2n} + u_{1-\alpha/2}\sqrt{\frac{p(1-p)}{n}} = 0{,}86 \,.$$

Das gesuchte Konfidenzintervall für π zum Konfidenzniveau 0,90 ist $]0{,}74;0{,}86[$.

Konkrete Konfidenzintervalle für die Varianz σ_X^2 einer $N(\mu_X;\sigma_X^2)$-verteilten Gesamtheit werden hier für den Fall einer einfachen Zufallsstichprobe bei unbekanntem Mittelwert μ_X angegeben (Konfidenzniveau $1-\alpha$):

$$\left]\frac{(n-1)\,s_X^2}{\chi^2_{1-\alpha/2;n-1}}\,;\;\frac{(n-1)\,s_X^2}{\chi^2_{\alpha/2;n-1}}\right[\,.$$

Beispiel 77:

Die Länge von Schrauben des Typs A sei normalverteilt mit unbekannter Varianz σ_X^2. Eine einfache Zufallsstichprobe vom Umfang 20 aus Schrauben dieses Typs ergab eine Standardabweichung der Stichprobe von 1,50 (mm). Man bestimme ein Konfidenzintervall für die Varianz σ_X^2 in der Grundgesamtheit (Konfidenzniveau 0,90).

$s_X^2 = 1{,}50^2 \qquad n-1 = 19$

Konkretes Konfidenzintervall:

$$\left]\frac{(n-1)s_X^2}{\chi^2_{1-\alpha/2;n-1}}\,;\;\frac{(n-1)s_X^2}{\chi^2_{\alpha/2;n-1}}\right[$$

$1-\alpha = 0{,}90 \qquad 1-\frac{\alpha}{2} = 0{,}95$

$\chi^2_{0,95;19} = 30{,}14 \qquad \chi^2_{0,05;19} = 10{,}12$

$$\frac{(n-1)s_X^2}{\chi^2_{0,95;19}} = \frac{19\cdot 2{,}25}{30{,}14} = 1{,}42$$

$$\frac{(n-1)s_X^2}{\chi^2_{0,05;19}} = \frac{19\cdot 2{,}25}{10{,}12} = 4{,}22 \ .$$

Das gesuchte Konfidenzintervall für σ_X^2 zum Konfidenzniveau 0,90 ist $]1{,}42;4{,}22[$.

2.4 Mindeststichprobenumfang bei vorgegebener maximaler Fehlermarge e

Die Breite t_2-t_1 eines konkreten Konfidenzintervalls $]t_1;t_2[$ für μ_X ist abhängig vom Konfidenzniveau $1-\alpha$, von der Varianz σ_X^2 und vom Stichprobenumfang n.

Die halbe Breite des Konfidenzintervalls $\frac{t_2-t_1}{2}$ wird im folgenden als Fehlermarge bezeichnet. Sofern $\bar{X}$ normalverteilt ist und von einer einfachen Zufallsstichprobe ausgegangen werden kann, gilt:

$$\begin{aligned}\frac{t_2-t_1}{2} &= \frac{1}{2}(\bar{x} + u_{1-\alpha/2}\cdot\sigma_{\bar{X}} - (\bar{x} - u_{1-\alpha/2}\cdot\sigma_{\bar{X}}))\\ &= u_{1-\alpha/2}\cdot\sigma_{\bar{X}}\\ &= \frac{u_{1-\alpha/2}\cdot\sigma_X}{\sqrt{n}} \ .\end{aligned}$$

Sind die Varianz von X und das Konfidenzniveau $1-\alpha$ gegeben, kann die Fehlermarge durch die Wahl des Stichprobenumfangs n beeinflußt werden. Soll die Fehlermarge nicht größer als ein vorgegebener positiver Wert e sein, so folgt für den Stichprobenumfang, der mindestens notwendig ist, damit die Fehlermarge nicht größer als e ist, mit

$$e = \frac{t_2 - t_1}{2} = u_{1-\alpha/2} \cdot \frac{\sigma_X}{\sqrt{n}}$$

$$e^2 = u^2_{1-\alpha/2} \cdot \frac{\sigma^2_X}{n}$$

$$n = \frac{u^2_{1-\alpha/2} \cdot \sigma^2_X}{e^2} \quad .$$

Ein Stichprobenumfang von mindestens $\frac{u^2_{1-\alpha/2} \cdot \sigma^2_X}{e^2}$ sichert, daß die Fehlermarge bzw. die halbe Breite des Konfidenzintervalls den Wert e nicht überschreitet.

Falls unter sonst gleichen Voraussetzungen von einer uneingeschränkten Zufallsstichprobe ausgegangen wird, folgt:

$$e = \frac{t_2 - t_1}{2} = \frac{u_{1-\alpha/2} \cdot \sigma_X}{\sqrt{n}} \cdot \sqrt{\frac{N-n}{N-1}}$$

$$e^2 = \frac{u^2_{1-\alpha/2} \cdot \sigma^2_X}{n} \cdot \frac{N-n}{N-1}$$

$$e^2 n\,(N-1) = u^2_{1-\alpha/2} \cdot \sigma^2_X\,(N-n)$$

$$e^2 n\,(N-1) + u^2_{1-\alpha/2} \cdot \sigma^2_X\, n = u^2_{1-\alpha/2} \cdot \sigma^2_X\, N$$

$$n\,(e^2 (N-1) + u^2_{1-\alpha/2} \cdot \sigma^2_X) = u^2_{1-\alpha/2} \cdot \sigma^2_X\, N$$

$$n = \frac{u^2_{1-\alpha/2} \cdot \sigma^2_X\, N}{e^2 (N-1) + u^2_{1-\alpha/2} \cdot \sigma^2_X}$$

$$\doteq \frac{u^2_{1-\alpha/2} \cdot \sigma^2_X\, N}{e^2 N + u^2_{1-\alpha/2} \cdot \sigma^2_X} \quad .$$

Durch weitere Umformung erhält man:

$$n \doteq \frac{u^2_{1-\alpha/2} \cdot \sigma^2_X}{e^2 + \frac{u^2_{1-\alpha/2} \cdot \sigma^2_X}{N}} \quad ,$$

eine Form, die einen Vergleich mit dem notwendigen Stichprobenumfang bei einfacher Zufallsstichprobe gestattet. Bei denselben Rahmenbedingungen ist der notwendige Stichprobenumfang bei uneingeschränkter Zufallsstichprobe kleiner als bei einfacher Zufallsstichprobe. Für wachsendes N nimmt diese Differenz ab.

In der Übersicht 7 wird - sofern nicht von einer Bernoulliverteilten Grundgesamtheit ausgegangen wird - vorausgesetzt, daß $\bar{X}$ wenigstens approximativ normalverteilt ist. Die (approximativ) für den Mindeststichprobenumfang resultierenden Werte sind - falls sie keine natürlichen Zahlen sind - auf die nächste natürliche Zahl aufzurunden. Ist die Varianz σ_X^2 unbekannt, sollte sie aufgrund von Vorinformationen vorab geschätzt werden können.

Beispiel 78: Vgl. Beispiel 75.

Wie groß muß in einer weiteren Zufallsstichprobe der Stichprobenumfang gewählt werden, damit bei sonst gleichen Bedingungen die Breite des Konfidenzintervalls auf 100 (Stunden) beschränkt wird?

$$t_2-t_1 \leqq 100, \quad \text{d.h. } \frac{t_2-t_1}{2} \leqq 50 \quad \text{bzw.} \quad e = 50 .$$

Für die Berechnungen des notwendigen Stichprobenumfangs ist die Formel

$$\frac{u_{1-\alpha/2}^2 \cdot \sigma_X^2 \, N}{e^2(N-1) + u_{1-\alpha/2}^2 \cdot \sigma_X^2}$$

zu verwenden, wobei σ_X^2 durch s_X^2 aus der ersten Stichprobe geschätzt wird.

$$e = 50 \qquad u_{1-\alpha/2} = 1{,}96 \qquad s_X^2 = 400^2 \qquad N = 1000\,000$$

$$n = \frac{1{,}96^2 \cdot 400^2 \cdot 1000\,000}{50^2 \cdot 999999 + 1{,}96^2 \cdot 400^2}$$

$$\doteq \frac{1{,}96^2 \cdot 400^2}{50^2 + 1{,}96^2 \cdot \frac{400^2}{1000000}}$$

$$\doteq \frac{1{,}96^2 \cdot 400^2}{50^2}$$

$$= \frac{614656}{2500}$$

$$= 245{,}86 \quad .$$

Da N im Verhältnis zu $u_{1-\alpha/2}^2 \cdot \sigma_X^2$ sehr groß ist, genügt es, approximativ die Formel für eine einfache Zufallsstichprobe zu verwenden. Der gesuchte Stichprobenumfang muß (mindestens) 246 betragen.

Falls die Grundgesamtheit Bernoulli-verteilt ist, kann prinzipiell wie oben vorgegangen werden, sofern sich bei Anwendung der Formeln ein n ergibt, das sichert, daß π approximativ normalverteilt ist. Zur (approximativen) Berechnung von n muß ein π^* aufgrund von Vorinformationen bekannt sein. Falls man keinen Wert hierfür - z.B. aus einer früheren Stichprobe - hat, setzt man $\pi^* = 0{,}5$; diese Wahl sichert, daß der Stichprobenumfang groß genug ist, um die Fehlermarge auf e zu beschränken ($\pi^*(1-\pi^*)$ ist kleiner oder gleich 0,25 für $0 < \pi^* < 1$).

Wird im Fall einer Bernoulli-verteilten Grundgesamtheit bei der Berechnung des notwendigen Stichprobenumfangs die Stetigkeitskorrektur berücksichtigt, so ergibt sich die gesuchte Größe als eine Lösung einer quadratischen Gleichung. Der notwendige Stichprobenumfang beträgt dann

$$\frac{u^2_{1-\alpha/2}\cdot\pi^*(1-\pi^*)+e}{2e^2}+\sqrt{\left[\frac{u^2_{1-\alpha/2}\cdot\pi^*(1-\pi^*)+e}{2e^2}\right]^2-\frac{1}{4e^2}}$$

bei einfacher Zufallsstichprobe bzw.

$$\frac{u^2_{1-\alpha/2}\cdot\pi^*(1-\pi^*)N+e(N-1)}{2(e^2(N-1)+u^2_{1-\alpha/2}\cdot\pi^*(1-\pi^*))}$$

$$+\sqrt{\left[\frac{u^2_{1-\alpha/2}\cdot\pi^*(1-\pi^*)N+e(N-1)}{2(e^2(N-1)+u^2_{1-\alpha/2}\pi^*(1-\pi^*))}\right]^2-\frac{N-1}{4(e^2(N-1)+u^2_{1-\alpha/2}\pi^*(1-\pi^*))}}$$

bei uneingeschränkter Zufallsstichprobe.

Diese Formeln sind umständlich zu handhaben. In Übersicht 7 werden daher nur die Ausdrücke angegeben, die ohne die Stetigkeitskorrekturen folgen. Die Verwendung der einfacheren Formeln führt zu Unterschätzungen für den Mindeststichprobenumfang (z.B. um ungefähr $\frac{1}{e}$ bei einer einfachen Zufallsstichprobe). Bedenkt man, daß bereits in der Berücksichtigung von π^* eine Unsicherheit liegt, erscheint die Vernachlässigung der Stetigkeitskorrektur gerechtfertigt; ggf. kann man die oben angegebenen Formeln anwenden oder z.B. bei einer einfachen Zufallsstichprobe die Abschätzung von n mit Hilfe des einfachen Ansatzes um den additiven Faktor $\frac{1}{e}$ nach oben korrigieren.

<u>Übersicht 7</u>: Mindeststichprobenumfang bei Schätzung eines Konfidenzintervalls für μ_X bzw. π bei vorgegebener maximaler Fehlermarge e

Vor.: $\bar{X}$ bzw. $\hat{\pi}$ sind (approximativ) normalverteilt

Konfidenzintervall für	Zufallsstichprobe einfach	Zufallsstichprobe uneingeschränkt	Mindeststichprobenumfang für $\frac{t_2-t_1}{2} \leq e$
μ_X	x		$\frac{u_{1-\alpha/2}^2 \cdot \sigma_X^2}{e^2}$
μ_X		x	$\frac{u_{1-\alpha/2}^2 \cdot \sigma_X^2 N}{e^2 (N-1) + u_{1-\alpha/2}^2 \cdot \sigma_X^2}$
π	x		$\frac{u_{1-\alpha/2}^2 \cdot \pi^* (1-\pi^*)}{e^2}$
π		x	$\frac{u_{1-\alpha/2}^2 \cdot \pi^* (1-\pi^*) N}{e^2 (N-1) + u_{1-\alpha/2}^2 \cdot \pi^* (1-\pi^*)}$
π	x		$\frac{u_{1-\alpha/2}^2}{4e^2}$
π		x	$\frac{u_{1-\alpha/2}^2 \cdot N}{4e^2 (N-1) + u_{1-\alpha/2}^2}$

Sofern σ_X^2 unbekannt ist, muß es aufgrund von Vorinformationen geschätzt werden. π^* stellt ebenso eine Abschätzung von π aufgrund von Vorinformationen dar. Bei den letzten beiden Fällen in der Übersicht wird $\pi^* = 0{,}5$ gesetzt.

Beispiel 79: Vgl. Beispiel 76.

Wie groß muß in einer weiteren Zufallsstichprobe der Stichprobenumfang gewählt werden, damit bei sonst gleichen Bedingungen die Breite des Konfidenzintervalls auf 0,05 beschränkt wird?

$$t_2 - t_1 \leq 0{,}05, \quad \text{d.h.} \quad \frac{t_2 - t_1}{2} \leq 0{,}025 \quad \text{bzw.} \quad e = 0{,}025.$$

Aus der Formel

$$\frac{u_{1-\alpha/2}^2 \cdot \pi^*(1-\pi^*)}{e^2}$$

ergibt sich mit $\pi^* = 0{,}8$ und $u_{1-\alpha/2}^2 = 1{,}6449^2$ ein notwendiger Stichprobenumfang von 693 Haushalten.
Ohne Vorkenntnisse über π^* hätte sich mittels $\frac{u_{1-\alpha/2}^2}{4e^2}$ ein Stichprobenumfang von mindestens 1083 Haushalten ergeben.
Bei Verwendung der die Stetigkeitskorrekturen berücksichtigenden Formeln ergibt sich ein Stichprobenumfang von 733 ($\pi^* = 0{,}8$) bzw. 1122 ($\pi^* = 0{,}5$).

Ziel des Abschnitts II.2: Schätzen unbekannter Parameter.

Inhalt:

Schätzfunktion (Punktschätzer) $T = T(X_1,...,X_n)$ für unbekannten Parameter θ

Eigenschaften von Schätzfunktionen

Erwartungstreue
Effizienz
Konsistenz

Methoden zur Konstruktion von Schätzfunktionen

Momentenmethode
Maximum-Likelihood-Methode
Methode der kleinsten Quadrate

Ausgewählte Schätzfunktionen

$\bar{X} = \frac{1}{n} \sum_{i=1}^{n} X_i$ (X_i, i=1,...,n, beliebig verteilt)

$S_X^{*2} = \frac{1}{n} \sum_{i=1}^{n} (X_i - \mu_X)^2$

$S_X^2 = \frac{1}{n-1} \sum_{i=1}^{n} (X_i - \bar{X})^2$

$\hat{\pi} = \frac{1}{n} \sum_{i=1}^{n} X_i$ (X_i, i=1,...,n, Null-Eins-verteilt)

Konfidenzintervall $]T_1,T_2[$ zum Konfidenzniveau $1-\alpha$ $(0 < \alpha < 1)$ für

$P(T_1 < \theta < T_2) = 1-\alpha$ bei stetigen Zufallsvariablen

$P(T_1 < \theta < T_2) \geqq 1-\alpha$ bei diskreten Zufallsvariablen

Zu den konkreten Konfidenzintervallen vgl. Übersichten 5 und 6.

Mindeststichprobenumfang: Stichprobenumfang, der notwendig ist, damit die halbe Breite des Konfidenzintervalls beim Konfidenzniveau $1-\alpha$ einen vorgegebenen Wert nicht überschreitet, vgl. Übersicht 7.

3 STATISTISCHE TESTVERFAHREN

3.1 Grundbegriffe

Mit Hilfe von Schätzverfahren kann man u.a. Mittelwerte von Grundgesamtheiten schätzen. Häufig tritt der Fall auf, daß über das interessierende Merkmal bestimmte Hypothesen aufgestellt werden. Es wird z.B. angenommen, das monatliche Einkommen pro Haushalt in der Gemeinde A betrage im Monat April 1986 4000 DM. Diese Annahme kann man überprüfen, indem alle interessierenden Haushalte nach ihrem Einkommen in dem betreffenden Monat befragt werden. In der Regel wird man jedoch keine Gesamterhebung durchführen, sondern versuchen, mittels einer Stichprobe die gewünschte Überprüfung vorzunehmen. Allgemein wird die zu prüfende Größe mit Hilfe einer Stichprobenfunktion geschätzt. Der erhaltene Schätzwert wird mit dem hypothetischen Wert verglichen und aus der Höhe der Abweichung darauf geschlossen, ob die Annahme aufrechterhalten werden kann.

Statistische Testverfahren liefern Regeln zur Überprüfung von Hypothesen unter Verwendung der Ergebnisse von Zufallsstichproben. Theoretische Grundlage dieser Verfahren ist das in Abschnitt II.1 dargelegte Konzept von Stichprobenfunktionen und Stichprobenverteilungen. Dementsprechend erfolgt die Begriffsbildung in enger Anlehnung an diesen Abschnitt, wobei parametrische Testverfahren, d.h. Tests über (unbekannte) Scharparameter einer Verteilung im Vordergrund stehen. Getestet werden Hypothesen über die Scharparameter μ und σ^2 der Normalverteilung sowie über den Scharparameter π der Bernoulli-Verteilung. Soweit aufgrund eines Grenzwertsatzes auch Hypothesen über den Funktionalparameter μ einer beliebig verteilten Grundgesamtheit mit denselben Prüffunktionen und Prüfverteilungen wie bei einer normalverteilten Grundgesamtheit getestet werden können, werden diese Tests bei den parametrischen Testverfahren mitbehandelt.

θ sei ein interessierender, unbekannter Parameter der Verteilungsfunktion der Zufallsvariablen X ($\theta \in \mathbb{R}$). Die Menge der zulässigen Werte von θ werde als Parameterraum Θ bezeichnet ($\theta \in \Theta$). Für die zu behandelnden Fragestellungen ist es notwendig, daß Θ mindestens zwei Werte umfaßt. Da die Verteilungsfunktion von X vom unbekannten Parameter θ abhängig ist, verwendet man für diese Funktion die Bezeichnung $F(x|\theta)$ ($x \in \mathbb{R}$), wobei an dieser Stelle der Einfachheit halber vorausgesetzt wird, daß nur ein Parameter unbekannt ist.

Sei Θ_0 eine nichtleere Teilmenge von Θ ($\Theta_0 \subset \Theta$). Unter der Nullhypothese H_0 versteht man die Hypothese, daß der unbekannte Parameter θ Element der Teilmenge Θ_0 ist:

$$H_0\colon \theta \in \Theta_0 .$$

Falls Θ_0 nur ein Element enthält, spricht man von einer einfachen, andernfalls von einer zusammengesetzten Nullhypothese. Ist θ kein Element von Θ_0, dann gilt: $\theta \in \Theta \setminus \Theta_0$. Die Differenzmenge des Parameterraumes Θ und der Menge Θ_0 kennzeichnet die Alternativhypothese H_A:

$$H_A\colon \theta \in \Theta \setminus \Theta_0 .$$

Beispiel 80

Eine uneingeschränkte Zufallsstichprobe vom Umfang 100 aus der Jahresproduktion von 1 000 000 Motoren eines Motorenwerkes ergab eine mittlere Lebensdauer der Motoren von 2050 Betriebsstunden.

Die Lebensdauer dieser Motoren sei $N(\mu_X;\sigma_X^2)$-verteilt mit unbekanntem Mittelwert μ_X und der Varianz $\sigma_X^2 = 300^2(\text{Stunden})^2$. μ_X soll nur nichtnegative Werte annehmen können. Die Werksleitung nennt eine mittlere Lebensdauer von $\mu_X = 2100$ (Stunden). Ein Abnehmer behauptet, die mittlere Lebensdauer sei größer oder kleiner 2100 Stunden. Die Nullhypothese lautet: $\mu_X = 2100$.

$$\Theta = \{\mu_X \mid \mu_X \geq 0\}$$

$$\Theta_0 = \{\mu_X = 2100\}$$

$$H_0\colon \mu_X = 2100$$

$$H_A\colon \mu_X \neq 2100$$

Prüffunktion nennt man eine Stichprobenfunktion $T = T(X_1, \ldots, X_n)$, die zur Entscheidung über die Nullhypothese herangezogen wird; im Einzelfall wird die Prüffunktion auch U genannt, sofern sie bei Gültigkeit der Nullhypothese standardnormalverteilt ist. Unabhängig davon werden in den Übersichten von Abschnitt II.3.3 alle Prüffunktionen durch T, ihre Realisationen mit t gekennzeichnet. Die Verteilung der Prüffunktion heißt Prüfverteilung. $t = T(x_1, \ldots, x_n)$ ist eine Realisation der Prüffunktion; man bezeichnet diese als Wert der Prüffunktion (Prüfwert).

Beispiel 81: Vgl. Beispiel 80.

X_i Lebensdauer des i-ten Motors $(i = 1, \ldots, 100)$, $N(\mu_X; \sigma_X^2)$-verteilt.

Da $\frac{n}{N} \leq 0{,}05$, kann wie bei einer einfachen Zufallsstichprobe vorgegangen werden.

Prüffunktion : $T(X_1, \ldots, X_{100}) = \bar{X} = \frac{1}{100} \sum_{i=1}^{100} X_i$

Prüfverteilung: $\bar{X}$ ist unter H_0 $N(2100; \frac{300^2}{100})$-verteilt

oder

Prüffunktion : $T = U = \frac{\bar{X} - 2100}{300} \cdot 10$

Prüfverteilung: U ist unter H_0 $N(0;1)$-verteilt.

Ist beispielsweise bei einer normalverteilten Grundgesamtheit mit bekannter Varianz die Nullhypothese $X \sim N(\mu_X; \sigma_X^2$ bekannt$)$

H_0: $\mu_X = \mu_0$ gegen die Alternativhypothese

H_A: $\mu_X = \mu_A$ $(> \mu_0)$

zu testen, so ist $\bar{X} = \frac{1}{n} \sum_{i=1}^{n} X_i$ normalverteilt mit dem Mittelwert μ_0 (bei Gültigkeit der Nullhypothese) bzw. μ_A (bei Gültigkeit der Alternativhypothese (vgl. Abb. 29)). Die Nullhypothese soll in diesem Fall verworfen werden, falls der Stichprobenmittelwert $\bar{x}$ (Prüfwert) "viel größer" als μ_0 ist.

Entscheidungen über die Ablehnung (oder die Annahme) der Nullhypothese können nicht mit Sicherheit getroffen werden, sondern nur auf einem bestimmten Wahrscheinlichkeitsniveau. Von einem Fehler 1. Art (α-Fehler) spricht man, falls die Nullhypothese abgelehnt wird, obwohl sie wahr ist. Bei einem Test bezeichnet man die maximale Wahrscheinlichkeit, einen Fehler 1. Art zu begehen, als Signifikanzniveau oder Irrtumswahrscheinlichkeit α (oder $\alpha \cdot 100\%$). Von einem Fehler 2. Art (β-Fehler) spricht man, falls die Nullhypothese nicht abgelehnt wird, obwohl sie falsch ist. $\beta(\theta)$ bezeichnet die Wahrscheinlichkeit dafür, einen Fehler 2. Art zu begehen, wenn $\theta \in \Theta \setminus \Theta_0$ der wahre Parameter ist.

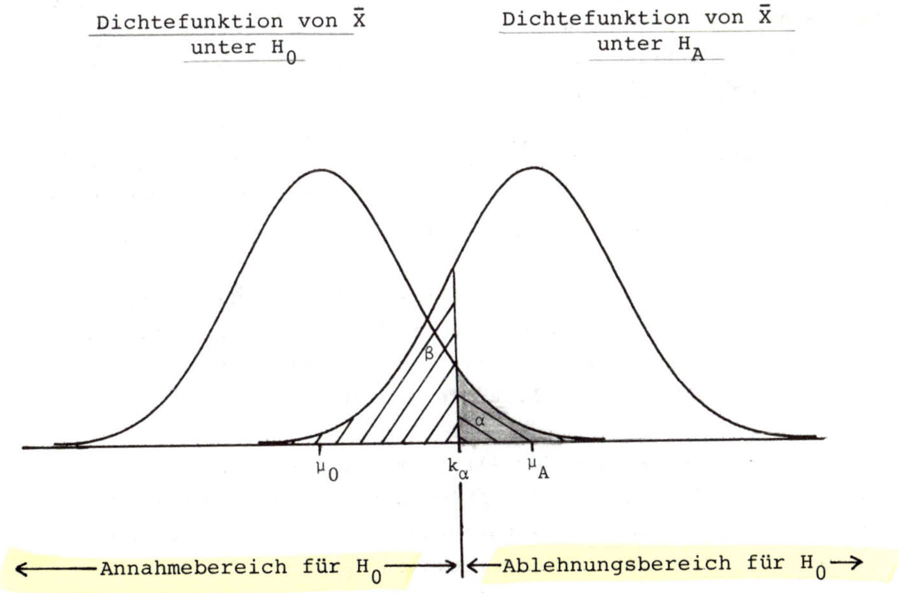

Abb. 29: Dichtefunktion von $\bar{X}$ bei Gültigkeit der Nullhypothese und bei Gültigkeit der Alternativhypothese

Es sei eine Hypothese über den unbekannten Mittelwert einer normalverteilten Grundgesamtheit zu testen. Zur Bestimmung des Wertes, von dem ab die Nullhypothese verworfen (abgelehnt, nicht angenommen) wird, kann man ein Intervall um μ_0

berechnen, in dem die Zufallsvariable $\bar{X}$ mit der Wahrscheinlichkeit $1-\alpha$ liegt (vgl. Abschnitt II.1.2.2).
Diesen Bereich bezeichnet man als Annahmebereich. Falls der Prüfwert innerhalb dieses Bereiches liegt, wird die Nullhypothese nicht verworfen (nicht abgelehnt, angenommen). Den außerhalb dieses Intervalls liegenden Bereich nennt man Ablehnungsbereich oder kritischen Bereich K_α (vgl. Abb. 29).

Die Größe des Annahme- bzw. Ablehnungsbereichs ist von α abhängig. Annahme- und Ablehnungsbereich zusammen umfassen den gesamten Wertebereich der verwendeten Prüffunktion. Beide Bereiche werden durch einen Wert getrennt, den man als kritischen Wert k_α bezeichnet. Zu dessen Berechnung wird die Prüfverteilung benötigt. Im Einzelfall (vgl. z.B. Übersicht 8) existieren im folgenden auch zwei kritische Werte. Die Wahrscheinlichkeit, daß die Prüffunktion T einen Wert aus K_α annimmt, falls die Nullhypothese richtig ist, soll kleiner oder gleich α sein: $P(T \in K_\alpha | \Theta_0) \leq \alpha$. Bei einer einfachen Nullhypothese gilt hier bei stetigen Zufallsvariablen $P(T \in K_\alpha | \Theta_0) = \alpha$.

Die Annahme der Nullhypothese bedeutet nicht, daß diese richtig ist; es bleibt die Möglichkeit des Fehlers 2. Art. Entsprechend muß die Nullhypothese bei Ablehnung nicht notwendigerweise falsch sein (vgl. Fehler 1. Art).

Die Wahl der Null- und der Alternativhypothese ist von der Fragestellung abhängig. Mit Ablehnung der Nullhypothese hat man die Signifikanz der Alternativhypothese bei gegebener (kleiner) Irrtumswahrscheinlichkeit α gezeigt. Mit Annahme der Nullhypothese ist nicht deren Richtigkeit bewiesen; die Wahrscheinlichkeit für einen Fehler 2. Art kann groß sein. Die aufgestellte Behauptung sollte daher möglichst als Alternativhypothese verwendet werden. Wird z.B. vom Hersteller eines elektrischen Geräts dessen mittlere Lebensdauer (μ) mit mindestens 1000 Stunden angegeben und behauptet ein Verbraucherinstitut, daß die Lebensdauer weniger als 1000 Stunden beträgt, so wird man

$H_0: \mu \geq 1000, \quad H_A: \mu < 1000$ wählen.

3.2 Konstruktion von Tests und kritischen Bereichen

Ähnlich wie bei den Schätzverfahren gibt es eine Reihe von Eigenschaften, die ein Test besitzen soll. Es ginge über den Rahmen dieser Einführung hinaus, diese Bedingungen zu erläutern. Stattdessen soll in einer beispielhaften Darstellung ein Test konstruiert werden.

Von einer normalverteilten Grundgesamtheit sei der Mittelwert μ_X unbekannt. Die Hypothese $\mu_X = \mu_0$ soll mit Hilfe einer einfachen Zufallsstichprobe $(X_1,\ldots,X_n)$ überprüft werden. Als Prüffunktion soll die - auch bei den Schätzverfahren verwendete - Stichprobenfunktion $\bar{X} = \frac{1}{n} \sum_{i=1}^{n} X_i$ Verwendung finden. Unter der Annahme, daß die Nullhypothese gilt, ist die Grundgesamtheit $N(\mu_0;\sigma_X^2)$-verteilt, $\bar{X}$ $N(\mu_0;\frac{\sigma_X^2}{n})$-verteilt und

$T = U = \frac{\bar{X}-\mu_0}{\sigma_X} \sqrt{n}$ $N(0;1)$-verteilt.

Die Nullhypothese soll abgelehnt werden, falls die Stichprobenrealisation $(x_1,\ldots,x_n)$ zu einem Wert $\bar{x} = \frac{1}{n} \sum_{i=1}^{n} x_i$ führt, der stark von μ_0 abweicht:

$$H_0: \mu_X = \mu_0$$

Prüffunktion : $T = U = \frac{\bar{X}-\mu_0}{\sigma_X} \sqrt{n}$

Prüfverteilung: $N(0;1)$-Verteilung.

Zu bestimmen ist zunächst ein kritischer Bereich K_α mit $P(U \in K_\alpha) = \alpha$ $(0 < \alpha < 0{,}5)$. Für das Signifikanzniveau wählt man üblicherweise Werte zwischen 0,01 und 0,1; die Wahrscheinlichkeit dafür, die Nullhypothese abzulehnen, obwohl sie wahr ist, soll klein sein. Die sinnvolle Wahl des kritischen Bereiches hängt von der Nullhypothese und von der Alternativhypothese ab. Im vorliegenden Fall gelte:

$$H_A: \mu_X < \mu_0 .$$

K_α wird so bestimmt, daß unter Berücksichtigung der Null- und der Alternativhypothese die Wahrscheinlichkeit dafür, einen Fehler 2. Art zu begehen, minimiert wird. Abbildung 30 zeigt unter Verwendung der Dichtefunktion von U bei Gültigkeit von H_0 die sinnvolle Lage von K_α an. Es gilt:

$$P(U \in K_\alpha) = P(U \leq k_\alpha) = P(U \leq u_\alpha) = \alpha.$$

k_α ist in diesem Fall gerade gleich dem Quantil u_α der Standardnormalverteilung. Bei einer einfachen Nullhypothese spricht man davon, daß μ_X signifikant von μ_0 verschieden ist, falls $u \in K_\alpha$ ist (u Prüfwert); die Abweichungen zwischen μ_0 und $\bar{x}$ können in diesem Fall nicht auf den Zufall zurückgeführt werden.

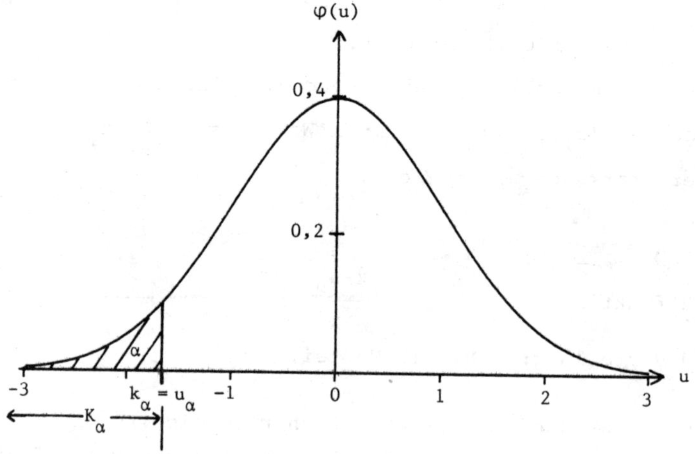

Abb. 30: Kritischer Bereich $K_\alpha = \{t \mid t \leq u_\alpha\} = \{t \mid t \leq -u_{1-\alpha}\}$

Beispiel 82: Vgl. Beispiele 80 und 81.

Falls die Nullhypothese gilt, ist die Prüffunktion

$$U = \frac{\bar{X}-\mu_0}{\sigma_X} \cdot \sqrt{n} \qquad \text{standardnormalverteilt.}$$

Mit der Nullhypothese

$$H_0: \mu_X = 2100$$

und der Alternativhypothese

$$H_A: \mu_X < 2100$$

stellen sich bei einem Signifikanzniveau von $\alpha = 0{,}025$ (2,5%) der Ablehnungs- und der Annahmebereich für diesen Test wie folgt dar (vgl. Abb. 31):

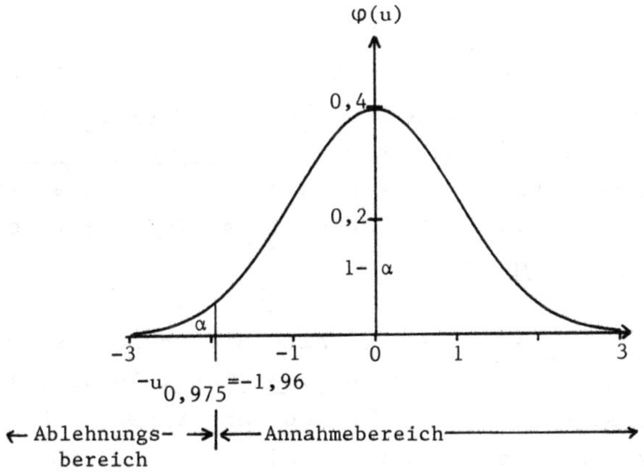

1-α = 0,975

Abb. 31: Kritischer Bereich $K_{0,025} = \{t \mid t \leq -1{,}96\}$

Ist der (wahre) Mittelwert μ_X nicht 2100, sondern z.B. 2000, kann man die Wahrscheinlichkeit für den Fehler 2. Art wie folgt berechnen. Gesucht ist die Wahrscheinlichkeit, daß die Prüffunktion $\frac{\bar{X}-2100}{\sigma_X}\sqrt{n}$ einen Wert annimmt, der nicht im kritischen Bereich K_α liegt, falls $\mu_X = 2000$ gilt:

$$\begin{aligned} P\left(\frac{\bar{X}-2100}{\sigma_X}\sqrt{n} \notin K_\alpha\right) &= P\left(\frac{\bar{X}-2100}{\sigma_X}\sqrt{n} \geq u_\alpha\right) \\ &= P\left(\bar{X} \geq u_\alpha \cdot \frac{\sigma_X}{\sqrt{n}} + 2100\right) \\ &= P\left(\bar{X} \geq -1{,}96 \cdot \frac{300}{10} + 2100\right) \\ &= P(\bar{X} \geq -58{,}8 + 2100) \\ &= P(\bar{X} \geq 2041{,}2) \ . \end{aligned}$$

Falls $\mu_X = 2000$ ist, d.h. H_A gilt, ist $\bar{X}$ $N(2000;\frac{300^2}{100})$-verteilt und somit

$U = \frac{\bar{X}-2000}{300} \cdot 10$ $N(0;1)$-verteilt.

Es folgt:

$$\begin{aligned} P(\bar{X} \geq 2041{,}2) &= P(\bar{X}-2000 \geq 2041{,}2 - 2000) \\ &= P\left(\frac{\bar{X}-2000}{300} \cdot 10 \geq \frac{2041{,}2 - 2000}{300} \cdot 10\right) \end{aligned}$$

$= P(U \geq \frac{41,2}{30}) = P(U \geq 1,3733)$

$= 1 - P(U < 1,3733) = 1 - 0,9152$

$= 0,0848$.

Die Wahrscheinlichkeit, einen Fehler 2. Art zu begehen, beträgt 0,0848 oder 8,48 Prozent.

Im oben betrachteten Fall liegt der Ablehnungsbereich links vom Annahmebereich; man spricht von einem linksseitigen Test. Für H_A: $\mu_X > \mu_0$ hat man es mit einem rechtsseitigen Test zu tun. Der kritische Bereich liegt dann am rechten Ende der Dichtefunktion. Linksseitige und rechtsseitige Tests bezeichnet man auch als einseitige Tests.

Die Nullhypothese H_0: $\mu_X = \mu_0$ und die Alternativhypothese H_A: $\mu_X \neq \mu_0$ kennzeichnen einen zweiseitigen Test. In diesem Fall wäre der kritische Bereich auf beide Ränder der Dichtefunktion gleichmäßig aufgeteilt worden: $P(U \in K_\alpha) = 1 - P(U \notin K_\alpha) = 1 - P(-k_\alpha < U < k_\alpha) = \alpha \quad (U = \frac{\bar{X}-\mu_0}{\sigma_X}\sqrt{n})$. Es folgt (vgl. Abschnitt II.1.2.2): $k_\alpha = u_{1-\alpha/2}$ bzw. $-k_\alpha = -u_{1-\alpha/2} = u_{\alpha/2}$.

Übersicht 8 faßt unter der Voraussetzung einer einfachen Zufallsstichprobe aus einer normalverteilten Grundgesamtheit die drei betrachteten Fälle zusammen. Die Prüffunktion ist in allen Fällen $U = \frac{\bar{X}-\mu_0}{\sigma_X}\sqrt{n}$, ihre Verteilung unter H_0 die Standardnormalverteilung. u_α etc. sind Quantile dieser Verteilung. Es ist hier - und in den folgenden Abschnitten - zu beachten, daß es bei den einseitigen Tests ohne Bedeutung ist, ob die Nullhypothese nur $\mu_X = \mu_0$ oder $\mu_X \geq \mu_0$ (beim linksseitigen Test) bzw. nur $\mu_X = \mu_0$ oder $\mu_X \leq \mu_0$ (beim rechtsseitigen Test) lautet. Dies folgt aus der Definition des Signifikanzniveaus. Ebenso kann beim linksseitigen (rechtsseitigen) Test die Alternativhypothese $\mu_X < \mu_0$ $(\mu_X > \mu_0)$ durch $\mu_X = \mu_1 < \mu_0$ $(\mu_X = \mu_1 > \mu_0)$ ersetzt werden, ohne daß der kritische Bereich sich ändert.

Übersicht 8: Schematische Darstellung zur Konstruktion von Tests für den Mittelwert μ_X bei einfacher Zufallsstichprobe aus normalverteilter Grundgesamtheit

	linksseitiger Test	rechtsseitiger Test	zweiseitiger Test
Nullhypothese H_0	$\mu_X \geqq \mu_0$	$\mu_X \leqq \mu_0$	$\mu_X = \mu_0$
Alternativhypothese H_A	$\mu_X < \mu_0$	$\mu_X > \mu_0$	$\mu_X \neq \mu_0$
kritischer Bereich K_α	$\{u \mid u \leqq u_\alpha\}$	$\{u \mid u \geqq u_{1-\alpha}\}$	$\{u \mid u \leqq u_{\alpha/2} \vee u \geqq u_{1-\alpha/2}\}$
Dichtefunktion von U unter H_0 und kritische Werte $U = \frac{\bar{X}-\mu_0}{\sigma_X}\sqrt{n}$	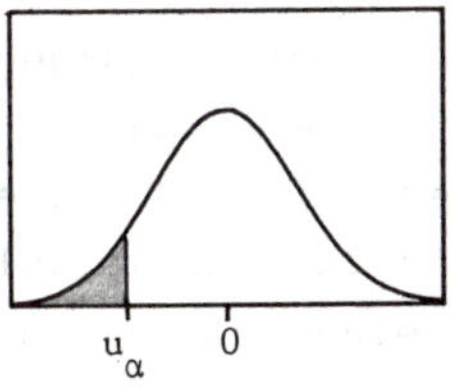	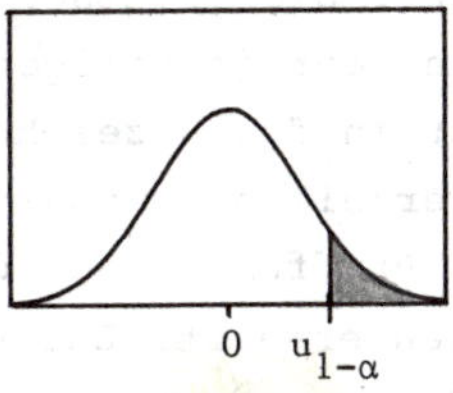	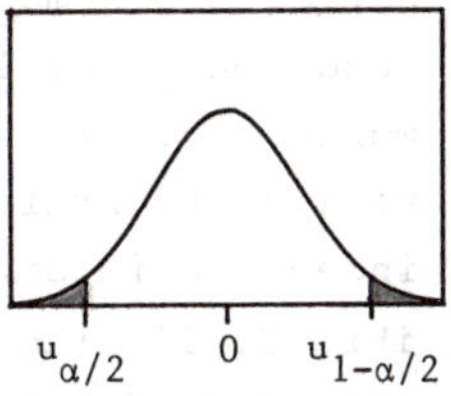

In der vorangehenden Darstellung wurde einschränkend von einer einfachen Zufallsstichprobe aus einer normalverteilten Grundgesamtheit ausgegangen. In Abschnitt II.3.3 werden Tests über Scharparameter von Verteilungen behandelt. Aus Gründen der einfacheren Darstellung werden an dieser Stelle auch Tests über den Funktionalparameter μ_X einer beliebig verteilten Grundgesamtheit einbezogen. Abschnitt II.3.4 enthält zwei Testverfahren für nichtparametrische Hypothesen.

Vor Anwendung eines parametrischen Testverfahrens sind im Einzelfall vor allem die folgenden Fragen zu klären:

Welcher Parameter ist zu testen?
Wie lauten Null- und Alternativhypothese?
Wie ist die Grundgesamtheit verteilt?
Welche Art von Stichprobe liegt vor?
Ist die Varianz der Grundgesamtheit bekannt?
Welches Signifikanzniveau soll gewählt werden?

In den folgenden Abschnitten werden bei gegebenem Signifikanzniveau eine Reihe von Testsituationen, die Prüffunktionen und kritischen Bereiche in Abhängigkeit von Null- und Alternativhypothese erfaßt. Die unter der Annahme der Gültigkeit der Nullhypothese zu den Prüffunktionen gehörenden Prüfverteilungen sind zum größten Teil in Abschnitt II.1 bereits dargestellt worden; ggf. werden noch einige Angaben zu ihrer expliziten Herleitung gemacht. Die kritischen Bereiche sind unter Verwendung von Quantilen der jeweiligen Prüfverteilungen konstruiert worden, daher ist in der Bezeichnung der Quantile indirekt die verwendete Prüfverteilung enthalten. Die Prüfwerte erhält man, indem man in den Prüffunktionen die Zufallsvariablen durch ihre Realisationen ersetzt. Bei uneingeschränkten Zufallsstichproben wird wieder $n \leq \frac{N}{2}$ vorausgesetzt.

Die kritischen Bereiche werden als Mengen bzw. Intervalle angegeben. Sofern der Prüfwert t (t',t") der Prüffunktion T (T',T") zu der angegebenen Menge gehört, wird die Nullhypothese abgelehnt.

3.3 Parametrische Testverfahren

3.3.1 Testverfahren für den Mittelwert μ_X einer Gesamtheit

Getestet werden soll eine Hypothese über den Mittelwert μ_X einer Grundgesamtheit (Mittelwerttest). Übersicht 9 enthält Prüffunktionen und kritische Bereiche in Abhängigkeit von den Voraussetzungen. Als Prüfverteilungen werden die Standardnormalverteilung und die t-Verteilung verwendet.

Übersicht 9: Testverfahren für den Mittelwert μ_X einer Gesamtheit Prüffunktionen T und kritische Bereiche K_α

X_i, $i = 1,\ldots,n$: $N(\mu_X;\sigma_X^2)$-verteilt; Zufallsstichprobe: einfach	X_i: beliebig verteilt, $n > 40$; Zufallsstichprobe: einfach	X_i: beliebig verteilt, $n > 40$; Zufallsstichprobe: uneingeschränkt	Prüffunktion	Kritischer Bereich für $H_0: \mu_X = \mu_0$, $H_A: \mu_X \neq \mu_0$	Kritischer Bereich für $\mu_X \geqq \mu_0$, $\mu_X < \mu_0$	Kritischer Bereich für $\mu_X \leqq \mu_0$, $\mu_X > \mu_0$
x			Falls σ_X^2 bekannt: $\frac{\bar{X}-\mu_0}{\sigma_X}\sqrt{n}$	$\{t \mid \lvert t\rvert \geqq u_{1-\alpha/2}\}$	$\{t \mid t \leqq -u_{1-\alpha}\}$	$\{t \mid t \geqq u_{1-\alpha}\}$
x			Falls σ_X^2 unbekannt: $\frac{\bar{X}-\mu_0}{S_X}\sqrt{n}$	$\{t \mid \lvert t\rvert \geqq t_{1-\alpha/2;n-1}\}$	$\{t \mid t \leqq -t_{1-\alpha;n-1}\}$	$\{t \mid t \geqq t_{1-\alpha;n-1}\}$
	x		Falls σ_X^2 bekannt: $\frac{\bar{X}-\mu_0}{\sigma_X}\sqrt{n}$	$\{t \mid \lvert t\rvert \geqq u_{1-\alpha/2}\}$	$\{t \mid t \leqq -u_{1-\alpha}\}$	$\{t \mid t \geqq u_{1-\alpha}\}$
	x		Falls σ_X^2 unbekannt: $\frac{\bar{X}-\mu_0}{S_X}\sqrt{n}$			
		x	Falls σ_X^2 bekannt: $\frac{\bar{X}-\mu_0}{\sigma_X\sqrt{\frac{N-n}{N-1}}}\sqrt{n}$			
		x	Falls σ_X^2 unbekannt: $\frac{\bar{X}-\mu_0}{S_X\sqrt{\frac{N-n}{N-1}}}\sqrt{n}$			

(In the original, a brace groups the last four rows, so the critical regions given in the third row apply to all four of those rows.)

Beispiel 83: Vgl. Beispiele 80 bis 82.

Man teste die Nullhypothese H_0: $\mu_X = 2100$
gegen die Alternativhypothese H_A: $\mu_X \neq 2100$.

Signifikanzniveau $\alpha = 0{,}025$

Zweiseitiger Test:

Prüffunktion $T = U = \frac{\bar{X}-\mu_0}{\sigma_X} \cdot \sqrt{n}$

Kritischer Wert $u_{1-\alpha/2} = u_{0,9875} = 2{,}2417$

Kritischer Bereich $K_{0,025} = \{t \mid |t| \geq 2{,}2417\}$

Wert der Prüffunktion $t = \frac{2050-2100}{300} \cdot 10 = -1{,}67 \notin K_{0,025}$.

Die Nullhypothese wird bei einem Signifikanzniveau von 2,5 Prozent nicht verworfen.

Man untersuche, ob sich das Testergebnis ändert, wenn man bei gleicher Nullhypothese zu einer einseitigen Alternativhypothese übergeht. (Diese Alternativhypothese ist z.B. angebracht, wenn ein Abnehmer der Motoren behauptet, die Lebensdauer betrage weniger als 2100 Stunden, H_A: $\mu_X < 2100$, Signifikanzniveau $\alpha = 0{,}025$).

Linksseitiger Test:

Prüffunktion $T = U = \frac{\bar{X}-\mu_0}{\sigma_X} \cdot \sqrt{n}$

Kritischer Wert $-u_{1-\alpha} = -u_{0,975} = -1{,}96$

Kritischer Bereich $K_{0,025} = \{t \mid t \leq -1{,}96\}$

Wert der Prüffunktion $t = \frac{2050-2100}{300} \cdot 10 = -1{,}67 \notin K_{0,025}$.

Der kritische Wert und damit auch der kritische Bereich ändern sich. Die Nullhypothese wird bei einem Signifikanzniveau von 2,5 Prozent auch in diesem Fall nicht verworfen.

3.3.2 Testverfahren für den Anteilswert π einer Gesamtheit

In diesem Abschnitt wird eine Situation betrachtet, die auch als Spezialfall von Abschnitt II.3.3.1 dargestellt werden könnte, hier aber "exakter" behandelt wird. Ausgangspunkt ist eine dichotome (d.h. Bernoulli-verteilte) Grundgesamtheit. Es soll eine Hypothese über den Parameter π (z.B. H_0: $\pi = \pi_0$) getestet werden (Anteilswerttest). Die Möglichkeit der Approximation der für $X = \sum_{i=1}^{n} X_i$ folgenden Binomialverteilung durch die Normalverteilung muß gegeben sein (d.h. $0{,}1 \leqq \pi_0 \leqq 0{,}9, \quad n\pi_0(1-\pi_0) > 9$).

Bei den Prüffunktionen besteht die Besonderheit darin, daß sich wegen der Verwendung der Stetigkeitskorrektur beim zweiseitigen Test für den unteren und oberen kritischen Bereich zwei unterschiedlich konstruierte Prüffunktionen ergeben. Die resultierenden Prüfwerte müssen daraufhin untersucht werden, ob sie in den kritischen Bereich fallen. Die Nullhypothese wird abgelehnt, wenn $t' \in K_\alpha$ oder $t'' \in K_\alpha$ ist. Prüfverteilung ist wieder die Standardnormalverteilung.

Übersicht 10:

Testverfahren für den Anteilswert π einer Gesamtheit
Prüffunktionen T', T" und kritische Bereiche K_α
Vor.: X_i, $i = 1,\dots,n$ Bernoulli-verteilt, $0{,}1 \leqq \pi_0 \leqq 0{,}9$, $n\pi_0(1-\pi_0) > 9$

Prüffunktion	Kritischer Bereich für		
	H_0: $\pi = \pi_0$ H_A: $\pi \neq \pi_0$	$\pi \geqq \pi_0$ $\pi < \pi_0$	$\pi \leqq \pi_0$ $\pi > \pi_0$
$T' = \dfrac{\hat{\pi} + \frac{1}{2n} - \pi_0}{\sigma_{\hat{\pi}}}$	$\{t' \mid t' \leqq -u_{1-\alpha/2}\}$	$\{t' \mid t' \leqq -u_{1-\alpha}\}$	
$T'' = \dfrac{\hat{\pi} - \frac{1}{2n} - \pi_0}{\sigma_{\hat{\pi}}}$	$\cup \{t'' \mid t'' \geqq u_{1-\alpha/2}\}$		$\{t'' \mid t'' \geqq u_{1-\alpha}\}$

mit

$\sigma_{\hat{\pi}} = \sqrt{\dfrac{\pi_0(1-\pi_0)}{n}}$ bei einfacher und

$\sigma_{\hat{\pi}} = \sqrt{\dfrac{\pi_0(1-\pi_0)}{n} \cdot \dfrac{N-n}{N-1}}$ bei uneingeschränkter Zufallsstichprobe

Beispiel 84:

Eine einfache Zufallsstichprobe vom Umfang 144 aus den Haushalten einer Stadt ergab, daß 80% dieser Haushalte einen Farbfernseher besitzen. Man prüfe, ob dieses Stichprobenergebnis die Hypothese stützt, daß mindestens 90% aller Haushalte dieser Stadt einen Farbfernseher besitzen (Signifikanzniveau $\alpha = 0{,}05$).
$\pi_0 = 0{,}9$. Da $0{,}1 \leqq \pi_0 \leqq 0{,}9$ und $n\pi_0(1-\pi_0) = 12{,}96 > 9$, kann der oben angegebene Anteilswerttest durchgeführt werden.

H_0: $\pi \geqq 0{,}9$

H_A: $\pi < 0{,}9$

Linksseitiger Test

Prüffunktion $\quad T' = \dfrac{\hat{\pi} + \frac{1}{2n} - \pi_0}{\sqrt{\frac{\pi_0(1-\pi_0)}{n}}}$

Kritischer Wert $\quad -u_{0,95} = -1{,}6449$

Kritischer Bereich $\quad K_{0,05} = \{t' \mid t' \leqq -1{,}6449\}$

Wert der Prüffunktion $\quad t' = \dfrac{0{,}8 + \frac{1}{288} - 0{,}9}{\sqrt{\frac{0{,}9 \cdot 0{,}1}{144}}} = -3{,}86 \in K_{0,05}$

Die Nullhypothese ist bei einem Signifikanzniveau von fünf Prozent zu verwerfen.

3.3.3 Testverfahren für die Varianz σ_X^2 einer Gesamtheit

Zu testen ist die Hypothese H_0: $\sigma_X^2 = \sigma_0^2$ (Varianztest). Sofern eine normalverteilte Grundgesamtheit vorausgesetzt werden kann, sind unter der Nullhypothese die beiden Zufallsvariablen $\dfrac{nS_X^{*2}}{\sigma_0^2}$ bzw. $\dfrac{(n-1)S_X^2}{\sigma_0^2}$ χ^2-verteilt; sie können als Prüffunktionen verwendet werden. Welche der beiden Funktionen eingesetzt wird, hängt davon ab, ob der Mittelwert μ_X der Gesamtheit bekannt ist. Prüfverteilung ist die χ^2-Verteilung mit n bzw. n-1 Freiheitsgraden.

Übersicht 11: Testverfahren für die Varianz σ_X^2 einer normalverteilten Gesamtheit Prüffunktionen T und kritische Bereiche K_α bei einfacher Zufallsstichprobe

Prüffunktion	Kritischer Bereich für H_0: $\sigma_X^2 = \sigma_0^2$, H_A: $\sigma_X^2 \neq \sigma_0^2$	H_0: $\sigma_X^2 \geqq \sigma_0^2$, H_A: $\sigma_X^2 < \sigma_0^2$	H_0: $\sigma_X^2 \leqq \sigma_0^2$, H_A: $\sigma_X^2 > \sigma_0^2$
Falls μ_X bekannt $\frac{n \cdot S_X^{*2}}{\sigma_0^2}$ mit $S_X^{*2} = \frac{1}{n} \sum_{i=1}^{n} (X_i - \mu)^2$	$\{t \mid t \leqq \chi^2_{\alpha/2;n} \vee t \geqq \chi^2_{1-\alpha/2;n}\}$	$\{t \mid t \leqq \chi^2_{\alpha;n}\}$	$\{t \mid t \geqq \chi^2_{1-\alpha;n}\}$
Falls μ_X unbekannt $\frac{(n-1) \cdot S_X^2}{\sigma_0^2}$ mit $S_X^2 = \frac{1}{n-1} \sum_{i=1}^{n} (X_i - \bar{X})^2$	$\{t \mid t \leqq \chi^2_{\alpha/2;n-1} \vee t \geqq \chi^2_{1-\alpha/2;n-1}\}$	$\{t \mid t \leqq \chi^2_{\alpha;n-1}\}$	$\{t \mid t \geqq \chi^2_{1-\alpha;n-1}\}$

Beispiel 85:

Ein Unternehmen stellt u.a. Rohre der Normlänge a her. Die produktionsbedingten Abweichungen von dieser Normlänge können als normalverteilte Zufallsvariable mit dem Mittelwert Null und unbekannter Varianz angesehen werden. Das Unternehmen gibt eine Varianz von 4 $(cm)^2$ an.

Ein Abnehmer dieser Rohre behauptet, die Varianz sei größer als 4 $(cm)^2$. Eine einfache Zufallsstichprobe vom Umfang 25 aus den Rohren ergibt für die Abweichungen von der Normlänge eine Stichprobenvarianz von $s_X^{*2} = 4{,}9$.

Man vergleiche die Herstellerangaben und die Behauptung des Abnehmers mit Hilfe eines Varianztests (Signifikanzniveau $\alpha = 0{,}05$).

X_i , $i = 1,\ldots,25$, Zufallsvariable, die die Abweichung der Länge des i-ten Rohres von der Normlänge angibt, $N(0;\sigma_X^2)$-verteilt.

H_0 : $\sigma_X^2 = 4$ (oder $\sigma_X^2 \leqq 4$)

H_A : $\sigma_X^2 > 4$

$s_X^{*2} = 4{,}9$

Prüffunktion $T = \dfrac{n \cdot S_X^{*2}}{\sigma_0^2}$

Kritischer Wert $\chi^2_{0,95;25} = 37{,}65$

Kritischer Bereich $K_{0,05} = \{t \mid t \geqq 37{,}65\}$

Wert der Prüffunktion $t = \dfrac{20 \cdot 4{,}9}{4} = 24{,}5 \notin K_\alpha$

Die Nullhypothese wird bei einem Signifikanzniveau von fünf Prozent nicht abgelehnt.

3.3.4 Testverfahren für die Differenz von Mittelwerten aus zwei Gesamtheiten

Es soll geprüft werden, ob die Mittelwerte μ_X, μ_Y zweier Gesamtheiten gleich sind (Mittelwertdifferenzentest). Dies ist gleichbedeutend mit der Nullhypothese, daß die Differenz beider Mittelwerte gleich Null ist ($\mu_X - \mu_Y = 0$). Ausgangspunkt sind zwei einfache, unabhängig gezogene Zufallsstichproben. Es spielt keine Rolle, welche Grundgesamtheit die Gesamtheit 1 bzw. die Gesamtheit 2 darstellt; die Bezeichnungen müssen nur einheitlich verwendet werden.

Bei bekannten Varianzen der Grundgesamtheiten wird die Prüffunktion $\frac{\bar{X} - \bar{Y}}{\sigma_{\bar{X}-\bar{Y}}}$, bei unbekannten die Prüffunktion $\frac{\bar{X} - \bar{Y}}{S_{\bar{X}-\bar{Y}}}$ verwendet. Die Berechnung der Standardabweichung von $\bar{X}-\bar{Y}$ hängt davon ab, ob die unbekannten Varianzen der Grundgesamtheiten gleich sind.

Sind die Grundgesamtheiten normalverteilt mit unbekannten Varianzen, so ist die Prüffunktion (approximativ) t-verteilt. Liegt keine Zusatzinformation über die Gleichheit der unbekannten Varianzen vor, so bestimmt sich die Anzahl der Freiheitsgrade aus der konkreten Stichprobe gemäß der in Übersicht 12 angegebenen Formel. Führt diese zu keiner natürlichen Zahl, wird die größte natürliche Zahl, die kleiner als der errechnete Wert ist, für ν verwendet. Prüfverteilungen sind die Standardnormalverteilung und die t-Verteilung.

Beispiel 86:

Eine uneingeschränkte Zufallsstichprobe vom Umfang 100 aus der Jahresproduktion von 1 000 000 Motoren des Motorenwerkes A ergab eine mittlere Lebensdauer pro Motor von 2050 Betriebsstunden bei einer Stichprobenvarianz von 400^2 (Stunden)^2. Eine vergleichbare Stichprobe vom Umfang 125 aus der Jahresproduktion von 500 000 Motoren des Motorenwerkes B ergab eine mittlere Lebensdauer von 2100 Betriebsstunden bei einer Stichprobenvarianz von 500^2 (Stunden)^2.

Man prüfe, ob die Stichprobenergebnisse die Hypothese stützen, daß die mittlere Lebensdauer der Motoren aus beiden Werken gleich ist (Signifikanzniveau $\alpha = 0{,}05$).

$H_0: \mu_X = \mu_Y$
$H_A: \mu_X \neq \mu_Y$

Da die Auswahlsätze in beiden Fällen kleiner als fünf Prozent sind, kann auf die für uneingeschränkte Zufallsstichproben notwendigen Korrekturen verzichtet werden. Die Varianzen der beiden Grundgesamtheiten sind unbekannt, es liegt kein Hinweis auf ihre Gleichheit vor, daher ist die folgende Prüffunktion zu verwenden:

$$T = \frac{\bar{X} - \bar{Y}}{S_{\bar{X}-\bar{Y}}} \quad \text{mit } S_{\bar{X}-\bar{Y}} = \sqrt{\frac{S_X^2}{n_1} + \frac{S_Y^2}{n_2}}$$

$$n_1 = 100 \qquad \bar{X} = 2050 \qquad s_X^2 = 400^2$$
$$n_2 = 125 \qquad \bar{Y} = 2100 \qquad s_Y^2 = 500^2$$

$$s_{\bar{X}-\bar{Y}} = \sqrt{\frac{400^2}{100} + \frac{500^2}{125}} = 60$$

Übersicht 12: Testverfahren für die Differenz von Mittelwerten aus zwei Gesamtheiten
Prüffunktionen T und kritische Bereiche K_α
Vor.: zwei einfache, unabhängig gezogene Zufallsstichproben

X_i $N(\mu_X;\sigma_X^2)$-verteilt $i = 1,\ldots,n_1$; Y_i $N(\mu_Y;\sigma_Y^2)$-verteilt $i = 1,\ldots,n_2$	X_i, $i = 1,\ldots,n_1$, Y_i, $i = 1,\ldots,n_2$, beliebig verteilt $n_1,n_2 > 40$	Prüffunktion	Kritischer Bereich für H_0: $\mu_X = \mu_Y$ H_A: $\mu_X \neq \mu_Y$
x		Falls σ_X^2,σ_Y^2 bekannt $\frac{\bar{X}-\bar{Y}}{\sigma_{\bar{X}-\bar{Y}}}$ mit $\sigma_{\bar{X}-\bar{Y}} = \sqrt{\frac{c_X^2}{n_1}+\frac{\sigma_Y^2}{n_2}}$	$\{t \mid \lvert t\rvert \geqq u_{1-\alpha/2}\}$
x		Falls $\sigma_X^2=\sigma_Y^2$, Wert unbekannt $\frac{\bar{X}-\bar{Y}}{S_{\bar{X}-\bar{Y}}}$ mit $S_{\bar{X}-\bar{Y}} = \sqrt{\frac{(n_1-1)S_X^2+(n_2-1)S_Y^2}{n_1+n_2-2}\left(\frac{1}{n_1}+\frac{1}{n_2}\right)}$	$\{t \mid \lvert t\rvert \geqq t_{1-\alpha/2;n_1+n_2-2}\}$
x		Falls σ_X^2,σ_Y^2 unbekannt $\frac{\bar{X}-\bar{Y}}{S_{\bar{X}-\bar{Y}}}$ mit $S_{\bar{X}-\bar{Y}} = \sqrt{\frac{S_X^2}{n_1}+\frac{S_Y^2}{n_2}}$	$\{t \mid \lvert t\rvert \geqq t_{1-\alpha/2;\nu}\}$ mit $\nu = \frac{\left(\frac{s_X^2}{n_1}+\frac{s_Y^2}{n_2}\right)^2}{\frac{s_X^4}{n_1^2(n_1-1)}+\frac{s_Y^4}{n_2^2(n_2-1)}}$

	x	Falls σ_X^2, σ_Y^2 bekannt $\frac{\bar{X}-\bar{Y}}{\sigma_{\bar{X}-\bar{Y}}}$ mit $\sigma_{\bar{X}-\bar{Y}} = \sqrt{\frac{\sigma_X^2}{n_1}+\frac{\sigma_Y^2}{n_2}}$	$\{t \mid \lvert t\rvert \geqq u_{1-\alpha/2}\}$
	x	Falls $\sigma_X^2 = \sigma_Y^2$, Wert unbekannt $\frac{\bar{X}-\bar{Y}}{S_{\bar{X}-\bar{Y}}}$ mit $S_{\bar{X}-\bar{Y}} = \sqrt{\frac{(n_1-1)S_X^2+(n_2-1)S_Y^2}{n_1+n_2-2}\left(\frac{1}{n_1}+\frac{1}{n_2}\right)}$	
	x	Falls σ_X^2, σ_Y^2 unbekannt $\frac{\bar{X}-\bar{Y}}{S_{\bar{X}-\bar{Y}}}$ mit $S_{\bar{X}-\bar{Y}} = \sqrt{\frac{S_X^2}{n_1}+\frac{S_Y^2}{n_2}}$	

Für uneingeschränkte Zufallsstichproben (ohne Zurücklegen aus endlichen Gesamtheiten) sind die Varianzen σ_X^2 bzw. S_X^2 mit $\frac{N_1-n_1}{N_1-1} \doteq 1 - \frac{n_1}{N_1}$ und die Varianzen σ_Y^2 bzw. S_Y^2 mit $\frac{N_2-n_2}{N_2-1} \doteq 1 - \frac{n_2}{N_2}$ zu multiplizieren.

Die übrige Darstellung gilt weiterhin.

Kritischer Wert $u_{0,975} = 1,96$

Kritischer Bereich $K_{0,05} = \{t \,||t| \geq 1,96\}$

Wert der Prüffunktion $t = \frac{2050-2100}{60} = -\frac{50}{60} = -0,83 \notin K_{0,05}$.

Die Nullhypothese wird bei einem Signifikanzniveau von fünf Prozent nicht abgelehnt.

3.3.5 Testverfahren für die Differenz von Anteilswerten aus zwei Gesamtheiten

Es soll getestet werden, ob die Parameter π_1 und π_2 zweier Bernoulli-verteilter Gesamtheiten gleich sind (Anteilswertdifferenzentest). Das Vorgehen entspricht unter Verwendung der Anteilswerte weitgehend der Darstellung beim Mittelwertdifferenzentest. Da die Varianzen der Grundgesamtheiten von den unbekannten Anteilswerten π_1 bzw. π_2 abhängig sind, ist die Varianz von $\hat{\pi}_1-\hat{\pi}_2$ unter Verwendung von

$$\hat{\pi} = \frac{n_1\hat{\pi}_1+n_2\hat{\pi}_2}{n_1+n_2}$$ zu schätzen.

Die Realisation von $\hat{\pi}$ ist

$$p = \frac{n_1p_1+n_2p_2}{n_1+n_2} .$$

Prinzipiell wäre auch bei der hier verwendeten Prüffunktion eine Stetigkeitskorrektur zu verwenden. Aus Gründen der Übersichtlichkeit und wegen der geringen Sensitivität der Resultate sei an dieser Stelle darauf verzichtet (vgl. Übersicht 13). Prüfverteilung ist die Standardnormalverteilung.

Übersicht 13:

Testverfahren für die Differenz von Anteilswerten aus zwei Gesamtheiten

Prüffunktionen T und kritische Bereiche K_α

Vor.: zwei unabhängig gezogene Zufallsstichproben; X_i, $i = 1,\ldots,n_1$, bzw. Y_i, $i = 1,\ldots,n_2$, Bernoulli-verteilt mit den Parametern π_1 bzw. π_2; $0{,}1 \leq p \leq 0{,}9$, $\min(n_1,n_2)\cdot p(1-p) > 9$ mit $p = \dfrac{n_1p_1+n_2p_2}{n_1+n_2}$.

Prüffunktion	Kritischer Bereich für H_0: $\pi_1 = \pi_2$, H_A: $\pi_1 \neq \pi_2$
$\dfrac{\hat\pi_1 - \hat\pi_2}{S_{\hat\pi_1-\hat\pi_2}}$ mit $S_{\hat\pi_1-\hat\pi_2} = \sqrt{\hat\pi(1-\hat\pi)\left(\frac{1}{n_1}+\frac{1}{n_2}\right)}$ bei einfachen und $S_{\hat\pi_1-\hat\pi_2} = \sqrt{\hat\pi(1-\hat\pi)\left(\frac{\frac{N_1-n_1}{N_1-1}}{n_1}+\frac{\frac{N_2-n_2}{N_2-1}}{n_2}\right)}$ bei uneingeschränkten Zufallsstichproben sowie $\hat\pi = \dfrac{n_1\hat\pi_1+n_2\hat\pi_2}{n_1+n_2}$	$\{t \mid \|t\| \geq u_{1-\alpha/2}\}$

Beispiel 87:

Eine einfache Zufallsstichprobe vom Umfang 144 aus den Haushalten der Stadt A ergab, daß 80% der Haushalte in der Stichprobe einen Farbfernseher besitzen. Eine vergleichbare Stichprobe vom Umfang 100 in der Stadt B ergab einen Wert vom 70%.

Man prüfe, ob die Annahme, daß in beiden Städten der Anteil der Haushalte mit Farbfernsehern gleich ist, durch die Stichprobenergebnisse gestützt wird (Signifikanzniveau $\alpha = 0{,}05$).

H_0: $\pi_1 = \pi_2$

H_A: $\pi_1 \neq \pi_2$

$n_1 = 144$ $\quad p_1 = 0{,}80$

$n_2 = 100$ $\quad p_2 = 0{,}70$

$$p = \frac{144 \cdot 0{,}8 + 100 \cdot 0{,}7}{244} = 0{,}7590$$

$0{,}1 \leqq p = 0{,}76 \leqq 0{,}9$

$\min(n_1, n_2)\, p(1-p) = 100 \cdot 0{,}76 \cdot 0{,}24 = 18{,}24 > 9.$

Die Voraussetzungen zur Anwendung der in Übersicht 13 angegebenen Prüffunktion und der Prüfverteilung sind erfüllt.

Prüffunktion $\quad T = \dfrac{\hat{\pi}_1 - \hat{\pi}_2}{S_{\hat{\pi}_1 - \hat{\pi}_2}}$

mit $S_{\hat{\pi}_1 - \hat{\pi}_2} = \sqrt{\hat{\pi}(1-\hat{\pi})\left(\frac{1}{n_1} + \frac{1}{n_2}\right)}$

und $s_{\hat{\pi}_1 - \hat{\pi}_2} = \sqrt{p(1-p)\left(\frac{1}{n_1} + \frac{1}{n_2}\right)} = 0{,}0556$

Kritischer Wert $\quad u_{0,975} = 1{,}96$

Kritischer Bereich $\quad K_{0,05} = \{t \mid |t| \geq 1{,}96\}$

Wert der Prüffunktion $\quad t = \dfrac{0{,}80 - 0{,}70}{0{,}0556} = 1{,}80 \notin K_{0,05}$.

Die Nullhypothese wird bei einem Signifikanzniveau von fünf Prozent nicht verworfen.

3.3.6 Testverfahren für die Differenz von Varianzen aus zwei Gesamtheiten

Es wird von zwei einfachen, unabhängig gezogenen Zufallsstichproben aus normalverteilten Grundgesamtheiten mit unbekannten Scharparametern ausgegangen.

Die zu testende Nullhypothese lautet: H_0: $\sigma_X^2 - \sigma_Y^2 = 0$ (H_A: $\sigma_X^2 - \sigma_Y^2 \neq 0$). Diese Hypothese ist gleichbedeutend mit H_0: $\sigma_X^2 = \sigma_Y^2$. Dieser Test kann z.B. bei normalverteilten Grundgesamtheiten mit unbekannten Varianzen und Mittelwerten einem

Mittelwertdifferenzentest vorgeschaltet werden.

$$Z_1 = \frac{(n_1-1)S_X^2}{\sigma_X^2} \quad \text{und} \quad Z_2 = \frac{(n_2-1)S_Y^2}{\sigma_Y^2}$$

sind χ^2-verteilte Zufallsvariablen mit n_1-1 bzw. n_2-1 Freiheitsgraden.

Bei Gültigkeit der Nullhypothese ist die Prüffunktion

$$\frac{Z_1}{n_1-1} : \frac{Z_2}{n_2-1} = \frac{S_X^2}{S_Y^2}$$

F-verteilt mit $\nu_1 = n_1-1$ und $\nu_2 = n_2-1$ Freiheitsgraden, falls Z_1 und Z_2 unabhängig sind. Der Test wird daher auch als F-Test bezeichnet.

Übersicht 14:

Testverfahren für die Differenz von Varianzen aus zwei normalverteilten Gesamtheiten

Prüffunktion T und kritischer Bereich K_α

Vor.: zwei einfache, unabhängig gezogene Zufallsstichproben, μ_X und μ_Y unbekannt

Prüffunktion	Kritischer Bereich für H_0: $\sigma_X^2 = \sigma_Y^2$ H_A: $\sigma_X^2 \neq \sigma_Y^2$
$\frac{S_X^2}{S_Y^2}$	$\{t \mid t \leq F_{\alpha/2;n_1-1;n_2-1}$ $\vee\, t \geq F_{1-\alpha/2;n_1-1;n_2-1}\}$

Beispiel 88:

Es soll überprüft werden, ob zwei Typen von Elektromotoren dieselbe mittlere Lebensdauer haben. Die Lebensdauer beider Motorentypen kann als normalverteilt unterstellt werden. Um einen Mittelwertdifferenzentest durchführen zu können, soll zunächst getestet werden, ob die unbekannten Varianzen übereinstimmen. Zwei einfache, unabhängig gezogene Zufallsstichproben ergaben die folgenden Werte für die Stichprobenvarianz:

Stichprobe 1 (Motortyp A) $n_1 = 10$ $s_X^2 = 400$

Stichprobe 2 (Motortyp B) $n_2 = 16$ $s_Y^2 = 800$

Man prüfe die Hypothese, daß die Varianzen der Grundgesamtheiten übereinstimmen (Signifikanzniveau $\alpha = 0{,}10$).

H_0: $\sigma_X^2 = \sigma_Y^2$

H_A: $\sigma_X^2 \neq \sigma_Y^2$

Prüffunktion $T = \frac{S_X^2}{S_Y^2}$

Kritische Werte $F_{0,05;9,15} = \frac{1}{3,01} = 0,33;$

$F_{0,95;9,15} = 2,59$

Kritischer Bereich $K_{0,10} = \{t \mid t \leqq 0,33 \vee t \geqq 2,59\}$

Wert der Prüffunktion $t = \frac{400}{800} = 0,50 \notin K_{0,10}$.

Die Nullhypothese wird bei einem Signifikanzniveau von zehn Prozent nicht abgelehnt.

3.4 Nichtparametrische Testverfahren

3.4.1 Testverfahren für die Anpassungshypothese (χ^2-Anpassungstest)

Bei nichtparametrischen Testverfahren werden weder Scharparameter getestet, noch Voraussetzungen über Scharparameter gemacht. Aus der Vielzahl der nichtparametrischen Testverfahren sollen nur zwei Tests angegeben werden. In diesem Abschnitt wird der χ^2-Anpassungstest behandelt, mit dessen Hilfe überprüft wird, ob die Grundgesamtheit einer bestimmten Verteilung genügt. Der im folgenden Abschnitt dargestellte χ^2-Unabhängigkeitstest prüft, ob zwei Zufallsvariable (Merkmale) unabhängig voneinander sind.

$(X_1,\dots,X_n)$ sei eine einfache Zufallsstichprobe aus der Grundgesamtheit G. Die Zufallsvariable X_i $(i=1,\dots,n)$ habe den Wertebereich W_X und die unbekannte Verteilungsfunktion $F(x)$.

Getestet werden soll die Hypothese, daß die Verteilungsfunktion $F(x)$ gleich einer Verteilungsfunktion $F_0(x)$ ist:

H_0: $F(x) = F_0(x)$ für alle $x \in \mathbb{R}$
H_A: $F(x) \neq F_0(x)$ für mindestens ein $x \in \mathbb{R}$.

Die Verteilungsfunktion $F_0(x)$ kann von einem oder mehreren unbekannten Parametern θ_i $(i=1,\dots,r)$ abhängen; diese sind aus der konkreten Stichprobe zu schätzen. Falls die Verteilungsfunktion von r Parametern $(r \geq 1)$ abhängt, schreibt man auch:

H_0: $F(x) = F_0(x|\theta_1,\dots,\theta_r)$ für alle $x \in \mathbb{R}$
H_A: $F(x) \neq F_0(x|\theta_1,\dots,\theta_r)$ für mindestens ein $x \in \mathbb{R}$.

Der Wertebereich W_X der Zufallsvariablen X wird vollständig in J disjunkte, nicht leere Klassen A_j $(j=1,\dots,J)$ zerlegt.

$n_j = n(A_j)$ $(j=1,\dots,J)$ gebe an, wieviel Werte der konkreten Zufallsstichprobe in die j-te Klasse fallen. Sei $\pi_j = P(X \in A_j|H_0)$ die Wahrscheinlichkeit dafür, daß die Zufallsvariable X einen Wert annimmt, der in die j-te Klasse fällt, falls H_0 gilt. N_j $(j=1,\dots,J)$ sei die Zufallsvariable, die angibt, wieviele Werte der Zufallsstichprobe (theoretisch) in der j-ten Klasse liegen. Der Erwartungswert von N_j unter der Nullhypothese H_0 ist:

$$E\{N_j|H_0\} = n\pi_j \qquad j=1,\dots,J; \quad n = \sum_{j=1}^{J} n_j .$$

Die n_j sind Realisationen der N_j $(j=1,\dots,J)$. Die folgende Prüffunktion vergleicht die Realisationen (empirischen Häufigkeiten) und die theoretischen Werte.

Die Prüffunktion $T = \sum_{j=1}^{J} \frac{(N_j - n\pi_j)^2}{n\pi_j} = \frac{1}{n} \sum_{j=1}^{J} \frac{N_j^2}{\pi_j} - n$ ist für

$n > 40$ approximativ $\chi^2(J-r-1)$-verteilt, falls die Voraussetzungen

$$J \geq 2 \,,$$

$n\pi_j < 5$ für höchstens $\frac{J}{5}$ Klassen und

$n\pi_j \geq 1$ für $j = 1,\ldots,J$

erfüllt sind.

Für den kritischen Bereich K_α folgt beim Signifikanzniveau α:

$$K_\alpha = \{t \mid t \geq \chi^2_{1-\alpha;J-r-1}\} \,.$$

H_0 ist also abzulehnen, falls der Wert t der Prüffunktion größer oder gleich $\chi^2_{1-\alpha;J-r-1}$ ist.

Beispiel 89:

Eine große Versicherung will durch die Einführung der gleitenden Arbeitszeit die morgendliche Ankunft der Arbeitnehmer gleichmäßig auf den Zeitraum von 7.30 Uhr bis 8.30 Uhr verteilen. Bei der probeweisen Einführung dieser Regelung ergab eine einfache Zufallsstichprobe bei 96 Arbeitnehmern die folgende Verteilung der Personen auf die verschiedenen Ankunftszeiten:

Ankunftszeit	Anzahl der Personen
7.30 bis vor 7.40	27
7.40 bis vor 7.50	3
7.50 bis vor 8.00	19
8.00 bis vor 8.10	15
8.10 bis vor 8.20	20
8.20 bis 8.30	12

Man teste die Hypothese, daß sich die Ankunftszeiten der Arbeitnehmer gleichmäßig auf die Zeit zwischen 7.30 Uhr und 8.30 Uhr verteilen (H_0: F(x) ist eine Rechteckverteilung; Signifikanzniveau $\alpha = 0{,}05$).

Eine Klasseneinteilung ist durch Vorgabe der Stichprobenwerte gegeben ($J = 6$). $n_1,\ldots,n_6$ sind die beobachteten Häufigkeiten. Da alle Klassen gleiche Breite haben und die Nullhypothese eine Gleichverteilung innerhalb des betrachteten Zeitraums behauptet, ist $\pi_j = \frac{1}{6}$ für $j = 1,\ldots,6$.

Die Voraussetzungen zur Anwendung des Tests sind offenbar erfüllt.

Die folgende Tabelle enthält die zur Berechnung der Prüffunktion benötigten Werte.

j	Klasse A_j (Ankunftszeit)	n_j	$n\pi_j$	$(n_j-n\pi_j)^2$	$\frac{(n_j-n\pi_j)^2}{n\pi_j}$
1	7.30 bis vor 7.40	27	16	121	7,5625
2	7.40 bis vor 7.50	3	16	169	10,5625
3	7.50 bis vor 8.00	19	16	9	0,5625
4	8.00 bis vor 8.10	15	16	1	0,0625
5	8.10 bis vor 8.20	20	16	16	1
6	8.20 bis 8.30	12	16	16	1
Summe		96	96	332	20,75

Prüffunktion $T = \sum_{j=1}^{J} \frac{(N_j-n\pi_j)^2}{n\pi_j}$

Kritischer Wert $\chi^2_{0,95;5} = 11,07$

Kritischer Bereich $K_{0,05} = \{t \mid t \geq 11,07\}$

Wert der Prüffunktion $t = 20,75 \in K_{0,05}$.

Die Nullhypothese ist bei einem Signifikanzniveau von fünf Prozent abzulehnen.

3.4.2 Testverfahren für die Unabhängigkeitshypothese (χ^2-Unabhängigkeitstest)

Bei der Definition der stochastischen Unabhängigkeit von Zufallsvariablen (vgl. Abschnitt I.2.4) war indirekt schon von mehrdimensionalen Zufallsvariablen ausgegangen worden, ohne daß diese explizit definiert worden waren. Unter einer <u>zweidimensionalen Zufallsvariablen</u> soll ein Vektor (X,Y) verstanden werden, dessen Komponenten (eindimensionale) Zufallsvariablen sind. $F(x,y) = P(X \leq x \wedge Y \leq y)$ sei die Verteilungsfunktion von (X,Y). W_X (W_Y) sei der Wertebereich, F_X (F_Y) die Verteilungsfunktion von X (Y). $(x,y) \in \mathbb{R}^2$ bezeichnet eine Realisation der Zufallsvariablen (X,Y). $[(X_1,Y_1),\ldots,(X_n,Y_n)]$ sei eine zweidimensionale einfache Zufallsstichprobe.

Getestet werden soll die Hypothese, daß die beiden Zufallsvariablen X und Y unabhängig voneinander sind. Die Unabhängigkeit von X und Y ist gleichbedeutend damit, daß die Verteilungsfunktion von (X,Y) sich als Produkt der Verteilungsfunktionen von X und von Y darstellen läßt:

H_0: $F(x,y) = F_X(x) \cdot F_Y(y)$ für alle $(x,y) \in \mathbb{R}^2$

H_A: $F(x,y) \neq F_X(x) \cdot F_Y(y)$ für mindestens ein $(x,y) \in \mathbb{R}^2$.

In Analogie zur Darstellung beim χ^2-Anpassungstest wird der Wertebereich W_X der Zufallsvariablen X in J disjunkte, nicht leere Klassen A_j $(j = 1,\ldots,J)$ und der Wertebereich W_Y der Zufallsvariablen Y in K disjunkte, nicht leere Klassen B_k $(k = 1,\ldots,K)$ unterteilt.

$n_{jk} = n(A_j \cap B_k)$ $(j = 1,\ldots,J;\ k = 1,\ldots,K)$ sei die Anzahl der Werte der konkreten Zufallsstichprobe, die gleichzeitig in die j-te Klasse von X und die k-te Klasse von Y fallen.
N_{jk} $(j = 1,\ldots,J;\ k = 1,\ldots,K)$ ist die Zufallsvariable, die angibt, wieviel Werte der Zufallsstichprobe (theoretisch) sowohl in der j-ten Klasse von X als auch in der k-ten Klasse von Y liegen. Der Erwartungswert von N_{jk} unter der Nullhypothese H_0 beträgt bei Vorgabe der Randhäufigkeiten $n_{j.} = \sum_{k=1}^{K} n_{jk}$ $(j = 1,\ldots,J)$ bzw. $n_{.k} = \sum_{j=1}^{J} n_{jk}$ $(k = 1,\ldots,K)$:

$$E\{N_{jk} \mid H_0\} = \frac{n_{j.} \cdot n_{.k}}{n} \qquad j = 1,\ldots,J;\ k = 1,\ldots,K$$

$$n = \sum_{j=1}^{J} \sum_{k=1}^{K} n_{jk} .$$

Die Prüffunktion $$T = \sum_{j=1}^{J} \sum_{k=1}^{K} \frac{\left(N_{jk} - \frac{n_{j.} \cdot n_{.k}}{n}\right)^2}{\frac{n_{j.} \cdot n_{.k}}{n}}$$

$$= n\left(\sum_{j=1}^{J} \sum_{k=1}^{K} \frac{N_{jk}^2}{n_{j.} \cdot n_{.k}} - 1\right)$$

ist für $n > 40$ approximativ $\chi^2((J-1)\cdot(K-1))$-verteilt, falls die Klasseneinteilung so vorgenommen wurde, daß

$$\frac{n_{j.} \cdot n_{.k}}{n} \geq 5 \quad \text{für } j = 1,\ldots,J;\ k = 1,\ldots,K \quad \text{gilt.}$$

Für den kritischen Bereich K_α folgt beim Signifikanzniveau α:

$$K_\alpha = \{t \mid t \geq \chi^2_{1-\alpha;(J-1)\cdot(K-1)}\} .$$

Beispiel 90:

Aus den 1000 Teilnehmern der Lehrveranstaltung Statistik einer Universität wird eine einfache Zufallsstichprobe vom Umfang 100 gezogen. Jedem Studenten wird ein Wertepaar zugeordnet, das seine Mitarbeit in den Übungen und sein Ergebnis in der Abschlußklausur (bestanden - nicht bestanden) enthält. Man prüfe aufgrund dieser Daten, ob die beiden Merkmale Übungsmitarbeit und Ergebnis in der Abschlußklausur, die man bzgl. der Gesamtheit als Zufallsvariablen auffassen kann, als unabhängig angesehen werden können (Signifikanzniveau $\alpha = 0{,}10$).

Prüffunktion $$T = \sum_{j=1}^{J} \sum_{k=1}^{K} \frac{\left(N_{jk} - \frac{n_{j.} \cdot n_{.k}}{n}\right)^2}{\frac{n_{j.} \cdot n_{.k}}{n}} .$$

Die folgende Tabelle enthält unter Verwendung einer Klasseneinteilung die Realisationen n_{jk} der Zufallsvariablen N_{jk} sowie $n_{j.}$ und $n_{.k}$ ($j = 1,\ldots,J$; $k = 1,\ldots,K$). Die theoretischen Häufigkeiten werden in Klammern angegeben.

		n_{jk} $\left(\frac{n_{j.} \cdot n_{.k}}{n}\right)$ Übungsmitarbeit k			
j	Abschlußklausur	1	2	3	$n_{j.}$
		gut	mittel	schlecht	
1	bestanden	29(21)	26(28)	15(21)	70
2	nicht bestanden	1(9)	14(12)	15(9)	30
$n_{.k}$		30	40	30	100

Die nächste Tabelle erfaßt die einzelnen Summanden der Prüffunktion.

Abschluß-klausur	$\frac{\left(n_{jk} - \frac{n_{j.} \cdot n_{.k}}{n}\right)^2}{\frac{n_{j.} \cdot n_{.k}}{n}}$ Übungsmitarbeit gut	mittel	schlecht
bestanden	$\frac{(29-21)^2}{21}$ = 3,05	$\frac{(28-26)^2}{28}$ = 0,14	$\frac{(21-15)^2}{21}$ = 1,71
nicht bestanden	$\frac{(1-9)^2}{9}$ = 7,11	$\frac{(14-12)^2}{12}$ = 0,33	$\frac{(15-9)^2}{9}$ = 4,00

Wie man schnell überprüft, sind die Voraussetzungen zur Anwendung des χ^2-Unabhängigkeitstests erfüllt.

Kritischer Wert $\chi^2_{0,90;2} = 4,61$

Kritischer Bereich $K_{0,10} = \{t \mid t \geq 4,61\}$

Wert der Prüffunktion:

$$t = \sum_{j=1}^{J} \sum_{k=1}^{K} \frac{\left(n_{jk} - \frac{n_{j.} \cdot n_{.k}}{n}\right)^2}{\frac{n_{j.} \cdot n_{.k}}{n}}$$

$$= 3,05 + 0,14 + 1,71 + 7,11 + 0,33 + 4,00$$

$$= 16,34 \in K_{0,10} .$$

Die Nullhypothese der Unabhängigkeit ist bei einem Signifikanzniveau von zehn Prozent nicht aufrechtzuerhalten. Bei einer Irrtumswahrscheinlichkeit von zehn Prozent können die Abweichungen zwischen den theortischen und den empirischen Häufigkeiten nicht auf Zufallseinflüsse zurückgeführt werden.

Ziel des Abschnitts II.3: Testen von (parametrischen und nichtparametrischen) Hypothesen.

Inhalt:

Statistische Testverfahren liefern Regeln zur Überprüfung von Hypothesen.

Nullhypothese H_0 - Alternativhypothese H_A

Prüffunktion T	Stichprobenfunktion, die zur Entscheidung über die Nullhypothese herangezogen wird
Prüfverteilung	Verteilung der Prüffunktion
Fehler 1. Art	Ablehnung von H_0, obwohl H_0 gilt
Fehler 2. Art	Annahme von H_0, obwohl H_A gilt
Signifikanzniveau α	(Maximale) Wahrscheinlichkeit für einen Fehler 1. Art
Kritischer Bereich K_α	Ablehnungsbereich; falls $t \in K_\alpha$, wird H_0 abgelehnt.

Parametrische Testverfahren

Mittelwerttest	H_0: $\mu_X = \mu_0$	H_A: $\mu_X \neq \mu_0$
	H_0: $\mu_X \geq \mu_0$	H_A: $\mu_X < \mu_0$
	H_0: $\mu_X \leq \mu_0$	H_A: $\mu_X > \mu_0$
Anteilswerttest	H_0: $\pi = \pi_0$	H_A: $\pi \neq \pi_0$
	H_0: $\pi \geq \pi_0$	H_A: $\pi < \pi_0$
	H_0: $\pi \leq \pi_0$	H_A: $\pi > \pi_0$
Varianztest	H_0: $\sigma_X^2 = \sigma_0^2$	H_A: $\sigma_X^2 \neq \sigma_0^2$
	H_0: $\sigma_X^2 \geq \sigma_0^2$	H_A: $\sigma_X^2 < \sigma_0^2$
	H_0: $\sigma_X^2 \leq \sigma_0^2$	H_A: $\sigma_X^2 > \sigma_0^2$

Mittelwertdifferenzentest

H_0: $\mu_X = \mu_Y$	H_A: $\mu_X \neq \mu_Y$

Anteilswertdifferenzentest

H_0: $\pi_1 = \pi_2$ H_A: $\pi_1 \neq \pi_2$

F-Test H_0: $\sigma_X^2 = \sigma_Y^2$ H_A: $\sigma_X^2 \neq \sigma_Y^2$

Nichtparametrische Testverfahren

χ^2-Anpassungstest H_0: $F(x) = F_0(x|\theta_1,\ldots,\theta_r)$ für alle $x \in \mathbb{R}$

H_A: $F(x) \neq F_0(x|\theta_1,\ldots,\theta_r)$ für mindestens ein $x \in \mathbb{R}$

χ^2-Unabhängigkeitstest

H_0: $F(x,y) = F_X(x) \cdot F_Y(y)$ für alle $(x,y) \in \mathbb{R}^2$

H_A: $F(x,y) \neq F_X(x) \cdot F_Y(y)$ für mindestens ein $(x,y) \in \mathbb{R}^2$

Zu den Prüffunktionen und kritischen Bereichen vgl. Übersichten 9 bis 14.

A N H A N G

Formeln zur Kombinatorik

Fakultäten

$$n! = \begin{cases} 1\cdot 2\cdot \ldots \cdot n = \prod_{i=1}^{n} i & \text{, falls } n \in \mathbb{N} \\ 1 & \text{, falls } n = 0 \end{cases}$$

Binomialkoeffizienten für $n \in \mathbb{N}$, $k = 0,1,\ldots$

$$\binom{n}{k} = \begin{cases} 1 & \text{für } k = 0 \text{ und } k = n \\ \dfrac{n!}{k!\,(n-k)!} & \text{für } k = 1,\ldots,n-1 \\ 0 & \text{für } k = n+1, n+2, \ldots \end{cases}$$

$$\binom{n}{k} = \binom{n}{n-k} \qquad \text{für } k = 0,\ldots,n$$

Vgl. Tabelle 1.

Die verschiedenen Anordnungen, die sich aus n Elementen bilden lassen, heißen Permutationen.

Die Anzahl der verschiedenen Permutationen von n Elementen beträgt:

$n!$, falls alle Elemente verschieden sind

$\dfrac{n!}{n_1!\,n_2!\ldots n_k!}$, falls jeweils $n_1, n_2, \ldots, n_k$ Elemente gleich sind ($\sum_{i=1}^{k} n_i = n$).

Die Anordnungen, die sich aus je k von n verschiedenen Elementen ohne Berücksichtigung der Reihenfolge bilden lassen, bezeichnet man als Kombinationen von n Elementen zur k-ten Klasse. Wird die Reihenfolge der Elemente berücksichtigt, spricht man von Variationen. Ist bei der Auswahl der k Elemente kein wiederholtes Auftreten eines Elementes erlaubt, so spricht man von Kombinationen (Variationen) der Elemente ohne Wiederholung, sonst von Kombinationen (Variationen) mit Wiederholung.

Anzahl der Kombinationen und Variationen von n Elementen zur k-ten Klasse

	ohne Wiederholung	mit Wiederholung
Kombinationen	$\binom{n}{k}$	$\binom{n+k-1}{k}$
Variationen	$\frac{n!}{(n-k)!}$	n^k

n

Tabelle 1: Binomialkoeffizienten $\binom{n}{k}$

Für $10 < k \leqq n \leqq 20$, $k \in \mathbb{N}$, verwende man $\binom{n}{k} = \binom{n}{n-k}$.

n	k = 1	2	3	4	5	6	7	8	9	10
1	1									
2	2	1								
3	3	3	1							
4	4	6	4	1						
5	5	10	10	5	1					
6	6	15	20	15	6	1				
7	7	21	35	35	21	7	1			
8	8	28	56	70	56	28	8	1		
9	9	36	84	126	126	84	36	9	1	
10	10	45	120	210	252	210	120	45	10	1
11	11	55	165	330	462	462	330	165	55	11
12	12	66	220	495	792	924	792	495	220	66
13	13	78	286	715	1287	1716	1716	1287	715	286
14	14	91	364	1001	2002	3003	3432	3003	2002	1001
15	15	105	455	1365	3003	5005	6435	6435	5005	3003
16	16	120	560	1820	4368	8008	11440	12870	11440	8008
17	17	136	680	2380	6188	12376	19448	24310	24310	19448
18	18	153	816	3060	8568	18564	31824	43758	48620	43758
19	19	171	969	3876	11628	27132	50388	75582	92378	92378
20	20	190	1140	4845	15504	38760	77520	125970	167960	184756

Tabelle 2a: Wahrscheinlichkeitsfunktion $f(x|n;\pi)$ der Binomialverteilung

Für $\pi > 0,5$ verwende man $f(x|n;\pi) = f(n-x|n;1-\pi)$.

		π									
n	x	0.05	0.10	0.15	0.20	0.25	0.30	0.35	0.40	0.45	0.50
1	0	0.9500	0.9000	0.8500	0.8000	0.7500	0.7000	0.6500	0.6000	0.5500	0.5000
	1	0.0500	0.1000	0.1500	0.2000	0.2500	0.3000	0.3500	0.4000	0.4500	0.5000
2	0	0.9025	0.8100	0.7225	0.6400	0.5625	0.4900	0.4225	0.3600	0.3025	0.2500
	1	0.0950	0.1800	0.2550	0.3200	0.3750	0.4200	0.4550	0.4800	0.4950	0.5000
	2	0.0025	0.0100	0.0225	0.0400	0.0625	0.0900	0.1225	0.1600	0.2025	0.2500
3	0	0.8574	0.7290	0.6141	0.5120	0.4219	0.3430	0.2746	0.2160	0.1664	0.1250
	1	0.1354	0.2430	0.3251	0.3840	0.4219	0.4410	0.4436	0.4320	0.4084	0.3750
	2	0.0071	0.0270	0.0574	0.0960	0.1406	0.1890	0.2389	0.2880	0.3341	0.3750
	3	0.0001	0.0010	0.0034	0.0080	0.0156	0.0270	0.0429	0.0640	0.0911	0.1250
4	0	0.8145	0.6561	0.5220	0.4096	0.3164	0.2401	0.1785	0.1296	0.0915	0.0625
	1	0.1715	0.2916	0.3685	0.4096	0.4219	0.4116	0.3845	0.3456	0.2995	0.2500
	2	0.0135	0.0486	0.0975	0.1536	0.2109	0.2646	0.3105	0.3456	0.3675	0.3750
	3	0.0005	0.0036	0.0115	0.0256	0.0469	0.0756	0.1115	0.1536	0.2005	0.2500
	4	0.0000	0.0001	0.0005	0.0016	0.0039	0.0081	0.0150	0.0256	0.0410	0.0625
5	0	0.7738	0.5905	0.4437	0.3277	0.2373	0.1681	0.1160	0.0778	0.0503	0.0313
	1	0.2036	0.3280	0.3915	0.4096	0.3955	0.3601	0.3124	0.2592	0.2059	0.1563
	2	0.0214	0.0729	0.1382	0.2048	0.2637	0.3087	0.3364	0.3456	0.3369	0.3125
	3	0.0011	0.0081	0.0244	0.0512	0.0879	0.1323	0.1811	0.2304	0.2756	0.3125
	4	0.0000	0.0004	0.0022	0.0064	0.0146	0.0283	0.0488	0.0768	0.1128	0.1563
	5	0.0000	0.0000	0.0001	0.0003	0.0010	0.0024	0.0053	0.0102	0.0185	0.0313
6	0	0.7351	0.5314	0.3771	0.2621	0.1780	0.1176	0.0754	0.0467	0.0277	0.0156
	1	0.2321	0.3543	0.3993	0.3932	0.3560	0.3025	0.2437	0.1866	0.1359	0.0938
	2	0.0305	0.0984	0.1762	0.2458	0.2966	0.3241	0.3280	0.3110	0.2779	0.2344
	3	0.0021	0.0146	0.0415	0.0819	0.1318	0.1852	0.2355	0.2765	0.3032	0.3125
	4	0.0001	0.0012	0.0055	0.0154	0.0330	0.0595	0.0951	0.1382	0.1861	0.2344
	5	0.0000	0.0001	0.0004	0.0015	0.0044	0.0102	0.0205	0.0369	0.0609	0.0938
	6	0.0000	0.0000	0.0000	0.0001	0.0002	0.0007	0.0018	0.0041	0.0083	0.0156
7	0	0.6983	0.4783	0.3206	0.2097	0.1335	0.0824	0.0490	0.0280	0.0152	0.0078
	1	0.2573	0.3720	0.3960	0.3670	0.3115	0.2471	0.1848	0.1306	0.0872	0.0547
	2	0.0406	0.1240	0.2096	0.2752	0.3115	0.3176	0.2985	0.2613	0.2140	0.1641
	3	0.0036	0.0230	0.0617	0.1147	0.1730	0.2269	0.2679	0.2903	0.2918	0.2734
	4	0.0002	0.0026	0.0109	0.0287	0.0577	0.0972	0.1442	0.1935	0.2388	0.2734
	5	0.0000	0.0002	0.0012	0.0043	0.0115	0.0250	0.0466	0.0774	0.1172	0.1641
	6	0.0000	0.0000	0.0001	0.0004	0.0013	0.0036	0.0084	0.0172	0.0320	0.0547
	7	0.0000	0.0000	0.0000	0.0000	0.0001	0.0002	0.0006	0.0016	0.0037	0.0078
8	0	0.6634	0.4305	0.2725	0.1678	0.1001	0.0576	0.0319	0.0168	0.0084	0.0039
	1	0.2793	0.3826	0.3847	0.3355	0.2670	0.1976	0.1373	0.0896	0.0548	0.0313
	2	0.0515	0.1488	0.2376	0.2936	0.3115	0.2965	0.2587	0.2090	0.1569	0.1094
	3	0.0054	0.0331	0.0839	0.1468	0.2076	0.2541	0.2786	0.2787	0.2568	0.2188
	4	0.0004	0.0046	0.0185	0.0459	0.0865	0.1361	0.1875	0.2322	0.2627	0.2734
	5	0.0000	0.0004	0.0026	0.0092	0.0231	0.0467	0.0808	0.1239	0.1719	0.2188
	6	0.0000	0.0000	0.0002	0.0011	0.0038	0.0100	0.0217	0.0413	0.0703	0.1094
	7	0.0000	0.0000	0.0000	0.0001	0.0004	0.0012	0.0033	0.0079	0.0164	0.0313
	8	0.0000	0.0000	0.0000	0.0000	0.0000	0.0001	0.0002	0.0007	0.0017	0.0039
9	0	0.6302	0.3874	0.2316	0.1342	0.0751	0.0404	0.0207	0.0101	0.0046	0.0020
	1	0.2985	0.3874	0.3679	0.3020	0.2252	0.1556	0.1004	0.0605	0.0339	0.0176
	2	0.0628	0.1722	0.2597	0.3020	0.3003	0.2668	0.2162	0.1612	0.1110	0.0703
	3	0.0077	0.0446	0.1069	0.1762	0.2336	0.2668	0.2716	0.2508	0.2119	0.1641
	4	0.0006	0.0074	0.0283	0.0661	0.1168	0.1715	0.2194	0.2508	0.2600	0.2461
	5	0.0000	0.0008	0.0050	0.0165	0.0389	0.0735	0.1181	0.1672	0.2128	0.2461
	6	0.0000	0.0001	0.0006	0.0028	0.0087	0.0210	0.0424	0.0743	0.1160	0.1641
	7	0.0000	0.0000	0.0000	0.0003	0.0012	0.0039	0.0098	0.0212	0.0407	0.0703
	8	0.0000	0.0000	0.0000	0.0000	0.0001	0.0004	0.0013	0.0035	0.0083	0.0176
	9	0.0000	0.0000	0.0000	0.0000	0.0000	0.0000	0.0001	0.0003	0.0008	0.0020

belle 2a (Fortsetzung)

		π									
n	x	0.05	0.10	0.15	0.20	0.25	0.30	0.35	0.40	0.45	0.50
0	0	0.5987	0.3487	0.1969	0.1074	0.0563	0.0282	0.0135	0.0060	0.0025	0.0010
	1	0.3151	0.3874	0.3474	0.2684	0.1877	0.1211	0.0725	0.0403	0.0207	0.0098
	2	0.0746	0.1937	0.2759	0.3020	0.2816	0.2335	0.1756	0.1209	0.0763	0.0439
	3	0.0105	0.0574	0.1298	0.2013	0.2503	0.2668	0.2522	0.2150	0.1665	0.1172
	4	0.0010	0.0112	0.0401	0.0881	0.1460	0.2001	0.2377	0.2508	0.2384	0.2051
	5	0.0001	0.0015	0.0085	0.0264	0.0584	0.1029	0.1536	0.2007	0.2340	0.2461
	6	0.0000	0.0001	0.0012	0.0055	0.0162	0.0368	0.0689	0.1115	0.1596	0.2051
	7	0.0000	0.0000	0.0001	0.0008	0.0031	0.0090	0.0212	0.0425	0.0746	0.1172
	8	0.0000	0.0000	0.0000	0.0001	0.0004	0.0014	0.0043	0.0106	0.0229	0.0439
	9	0.0000	0.0000	0.0000	0.0000	0.0000	0.0001	0.0005	0.0016	0.0042	0.0098
	10	0.0000	0.0000	0.0000	0.0000	0.0000	0.0000	0.0000	0.0001	0.0003	0.0010
0	0	0.3585	0.1216	0.0388	0.0115	0.0032	0.0008	0.0002	0.0000	0.0000	0.0000
	1	0.3773	0.2702	0.1368	0.0576	0.0211	0.0068	0.0020	0.0005	0.0001	0.0000
	2	0.1887	0.2852	0.2293	0.1369	0.0669	0.0278	0.0100	0.0031	0.0008	0.0002
	3	0.0596	0.1901	0.2428	0.2054	0.1339	0.0716	0.0323	0.0123	0.0040	0.0011
	4	0.0133	0.0898	0.1821	0.2182	0.1897	0.1304	0.0738	0.0350	0.0139	0.0046
	5	0.0022	0.0319	0.1028	0.1746	0.2023	0.1789	0.1272	0.0746	0.0365	0.0148
	6	0.0003	0.0089	0.0454	0.1091	0.1686	0.1916	0.1712	0.1244	0.0746	0.0370
	7	0.0000	0.0020	0.0160	0.0545	0.1124	0.1643	0.1844	0.1659	0.1221	0.0739
	8	0.0000	0.0004	0.0046	0.0222	0.0609	0.1144	0.1613	0.1797	0.1623	0.1201
	9	0.0000	0.0001	0.0011	0.0074	0.0271	0.0654	0.1158	0.1597	0.1770	0.1602
	10	0.0000	0.0000	0.0002	0.0020	0.0099	0.0308	0.0686	0.1171	0.1593	0.1762
	11	0.0000	0.0000	0.0000	0.0005	0.0030	0.0120	0.0336	0.0710	0.1185	0.1602
	12	0.0000	0.0000	0.0000	0.0001	0.0008	0.0039	0.0136	0.0355	0.0727	0.1201
	13	0.0000	0.0000	0.0000	0.0000	0.0002	0.0010	0.0045	0.0146	0.0366	0.0739
	14	0.0000	0.0000	0.0000	0.0000	0.0000	0.0002	0.0012	0.0049	0.0150	0.0370
	15	0.0000	0.0000	0.0000	0.0000	0.0000	0.0000	0.0003	0.0013	0.0049	0.0148
	16	0.0000	0.0000	0.0000	0.0000	0.0000	0.0000	0.0000	0.0003	0.0013	0.0046
	17	0.0000	0.0000	0.0000	0.0000	0.0000	0.0000	0.0000	0.0000	0.0002	0.0011
	18	0.0000	0.0000	0.0000	0.0000	0.0000	0.0000	0.0000	0.0000	0.0000	0.0002
	19	0.0000	0.0000	0.0000	0.0000	0.0000	0.0000	0.0000	0.0000	0.0000	0.0000
	20	0.0000	0.0000	0.0000	0.0000	0.0000	0.0000	0.0000	0.0000	0.0000	0.0000
0	0	0.2146	0.0424	0.0076	0.0012	0.0002	0.0000	0.0000	0.0000	0.0000	0.0000
	1	0.3389	0.1413	0.0404	0.0093	0.0018	0.0003	0.0000	0.0000	0.0000	0.0000
	2	0.2586	0.2277	0.1034	0.0337	0.0086	0.0018	0.0003	0.0000	0.0000	0.0000
	3	0.1270	0.2361	0.1703	0.0785	0.0269	0.0072	0.0015	0.0003	0.0000	0.0000
	4	0.0451	0.1771	0.2028	0.1325	0.0604	0.0208	0.0056	0.0012	0.0002	0.0000
	5	0.0124	0.1023	0.1861	0.1723	0.1047	0.0464	0.0157	0.0041	0.0008	0.0001
	6	0.0027	0.0474	0.1368	0.1795	0.1455	0.0829	0.0353	0.0115	0.0029	0.0006
	7	0.0005	0.0180	0.0828	0.1538	0.1662	0.1218	0.0652	0.0263	0.0081	0.0019
	8	0.0001	0.0058	0.0420	0.1106	0.1593	0.1501	0.1009	0.0505	0.0191	0.0055
	9	0.0000	0.0016	0.0181	0.0676	0.1298	0.1573	0.1328	0.0823	0.0382	0.0133
	10	0.0000	0.0004	0.0067	0.0355	0.0909	0.1416	0.1502	0.1152	0.0656	0.0280
	11	0.0000	0.0001	0.0022	0.0161	0.0551	0.1103	0.1471	0.1396	0.0976	0.0509
	12	0.0000	0.0000	0.0006	0.0064	0.0291	0.0749	0.1254	0.1474	0.1265	0.0806
	13	0.0000	0.0000	0.0001	0.0022	0.0134	0.0444	0.0935	0.1360	0.1433	0.1115
	14	0.0000	0.0000	0.0000	0.0007	0.0054	0.0231	0.0611	0.1101	0.1424	0.1354
	15	0.0000	0.0000	0.0000	0.0002	0.0019	0.0106	0.0351	0.0783	0.1242	0.1445
	16	0.0000	0.0000	0.0000	0.0000	0.0006	0.0042	0.0177	0.0489	0.0953	0.1354
	17	0.0000	0.0000	0.0000	0.0000	0.0002	0.0015	0.0079	0.0269	0.0642	0.1115
	18	0.0000	0.0000	0.0000	0.0000	0.0000	0.0005	0.0031	0.0129	0.0379	0.0806
	19	0.0000	0.0000	0.0000	0.0000	0.0000	0.0001	0.0010	0.0054	0.0196	0.0509
	20	0.0000	0.0000	0.0000	0.0000	0.0000	0.0000	0.0003	0.0020	0.0088	0.0280
	21	0.0000	0.0000	0.0000	0.0000	0.0000	0.0000	0.0001	0.0006	0.0034	0.0133
	22	0.0000	0.0000	0.0000	0.0000	0.0000	0.0000	0.0000	0.0002	0.0012	0.0055
	23	0.0000	0.0000	0.0000	0.0000	0.0000	0.0000	0.0000	0.0000	0.0003	0.0019
	24	0.0000	0.0000	0.0000	0.0000	0.0000	0.0000	0.0000	0.0000	0.0001	0.0006
	25	0.0000	0.0000	0.0000	0.0000	0.0000	0.0000	0.0000	0.0000	0.0000	0.0001
	26	0.0000	0.0000	0.0000	0.0000	0.0000	0.0000	0.0000	0.0000	0.0000	0.0000
	27	0.0000	0.0000	0.0000	0.0000	0.0000	0.0000	0.0000	0.0000	0.0000	0.0000
	28	0.0000	0.0000	0.0000	0.0000	0.0000	0.0000	0.0000	0.0000	0.0000	0.0000
	29	0.0000	0.0000	0.0000	0.0000	0.0000	0.0000	0.0000	0.0000	0.0000	0.0000
	30	0.0000	0.0000	0.0000	0.0000	0.0000	0.0000	0.0000	0.0000	0.0000	0.0000

Tabelle 2a (Fortsetzung)

n	x	π 0.05	0.10	0.15	0.20	0.25	0.30	0.35	0.40	0.45	0.5
40	0	0.1285	0.0148	0.0015	0.0001	0.0000	0.0000	0.0000	0.0000	0.0000	0.000
	1	0.2705	0.0657	0.0106	0.0013	0.0001	0.0000	0.0000	0.0000	0.0000	0.000
	2	0.2777	0.1423	0.0365	0.0065	0.0009	0.0001	0.0000	0.0000	0.0000	0.000
	3	0.1851	0.2003	0.0816	0.0205	0.0037	0.0005	0.0001	0.0000	0.0000	0.000
	4	0.0901	0.2059	0.1331	0.0475	0.0113	0.0020	0.0003	0.0000	0.0000	0.000
	5	0.0342	0.1647	0.1692	0.0854	0.0272	0.0061	0.0010	0.0001	0.0000	0.000
	6	0.0105	0.1068	0.1742	0.1246	0.0530	0.0151	0.0031	0.0005	0.0000	0.000
	7	0.0027	0.0576	0.1493	0.1512	0.0857	0.0315	0.0080	0.0015	0.0002	0.000
	8	0.0006	0.0264	0.1087	0.1560	0.1179	0.0557	0.0179	0.0040	0.0006	0.000
	9	0.0001	0.0104	0.0682	0.1386	0.1397	0.0849	0.0342	0.0095	0.0018	0.000
	10	0.0000	0.0036	0.0373	0.1074	0.1444	0.1128	0.0571	0.0196	0.0047	0.000
	11	0.0000	0.0011	0.0180	0.0733	0.1312	0.1319	0.0838	0.0357	0.0105	0.002
	12	0.0000	0.0003	0.0077	0.0443	0.1057	0.1366	0.1090	0.0576	0.0207	0.005
	13	0.0000	0.0001	0.0029	0.0238	0.0759	0.1261	0.1264	0.0827	0.0365	0.010
	14	0.0000	0.0000	0.0010	0.0115	0.0488	0.1042	0.1313	0.1063	0.0575	0.021
	15	0.0000	0.0000	0.0003	0.0050	0.0282	0.0774	0.1226	0.1228	0.0816	0.036
	16	0.0000	0.0000	0.0001	0.0019	0.0147	0.0518	0.1031	0.1279	0.1043	0.057
	17	0.0000	0.0000	0.0000	0.0007	0.0069	0.0314	0.0784	0.1204	0.1205	0.080
	18	0.0000	0.0000	0.0000	0.0002	0.0029	0.0172	0.0539	0.1025	0.1260	0.103
	19	0.0000	0.0000	0.0000	0.0001	0.0011	0.0085	0.0336	0.0792	0.1194	0.119
	20	0.0000	0.0000	0.0000	0.0000	0.0004	0.0038	0.0190	0.0554	0.1025	0.125
	21	0.0000	0.0000	0.0000	0.0000	0.0001	0.0016	0.0097	0.0352	0.0799	0.119
	22	0.0000	0.0000	0.0000	0.0000	0.0000	0.0006	0.0045	0.0203	0.0565	0.103
	23	0.0000	0.0000	0.0000	0.0000	0.0000	0.0002	0.0019	0.0106	0.0362	0.080
	24	0.0000	0.0000	0.0000	0.0000	0.0000	0.0001	0.0007	0.0050	0.0210	0.057
	25	0.0000	0.0000	0.0000	0.0000	0.0000	0.0000	0.0003	0.0021	0.0110	0.036
	26	0.0000	0.0000	0.0000	0.0000	0.0000	0.0000	0.0001	0.0008	0.0052	0.021
	27	0.0000	0.0000	0.0000	0.0000	0.0000	0.0000	0.0000	0.0003	0.0022	0.010
	28	0.0000	0.0000	0.0000	0.0000	0.0000	0.0000	0.0000	0.0001	0.0008	0.005
	29	0.0000	0.0000	0.0000	0.0000	0.0000	0.0000	0.0000	0.0000	0.0003	0.002
	30	0.0000	0.0000	0.0000	0.0000	0.0000	0.0000	0.0000	0.0000	0.0001	0.000
	31	0.0000	0.0000	0.0000	0.0000	0.0000	0.0000	0.0000	0.0000	0.0000	0.000
	32	0.0000	0.0000	0.0000	0.0000	0.0000	0.0000	0.0000	0.0000	0.0000	0.000
	33	0.0000	0.0000	0.0000	0.0000	0.0000	0.0000	0.0000	0.0000	0.0000	0.000
	34	0.0000	0.0000	0.0000	0.0000	0.0000	0.0000	0.0000	0.0000	0.0000	0.000
	35	0.0000	0.0000	0.0000	0.0000	0.0000	0.0000	0.0000	0.0000	0.0000	0.000
	36	0.0000	0.0000	0.0000	0.0000	0.0000	0.0000	0.0000	0.0000	0.0000	0.000
	37	0.0000	0.0000	0.0000	0.0000	0.0000	0.0000	0.0000	0.0000	0.0000	0.000
	38	0.0000	0.0000	0.0000	0.0000	0.0000	0.0000	0.0000	0.0000	0.0000	0.000
	39	0.0000	0.0000	0.0000	0.0000	0.0000	0.0000	0.0000	0.0000	0.0000	0.000
	40	0.0000	0.0000	0.0000	0.0000	0.0000	0.0000	0.0000	0.0000	0.0000	0.000

Tabelle 2a (Fortsetzung)

		π									
n	x	0.05	0.10	0.15	0.20	0.25	0.30	0.35	0.40	0.45	0.50
50	0	0.0769	0.0052	0.0003	0.0000	0.0000	0.0000	0.0000	0.0000	0.0000	0.0000
	1	0.2025	0.0286	0.0026	0.0002	0.0000	0.0000	0.0000	0.0000	0.0000	0.0000
	2	0.2611	0.0779	0.0113	0.0011	0.0001	0.0000	0.0000	0.0000	0.0000	0.0000
	3	0.2199	0.1386	0.0319	0.0044	0.0004	0.0000	0.0000	0.0000	0.0000	0.0000
	4	0.1360	0.1809	0.0661	0.0128	0.0016	0.0001	0.0000	0.0000	0.0000	0.0000
	5	0.0658	0.1849	0.1072	0.0295	0.0049	0.0006	0.0000	0.0000	0.0000	0.0000
	6	0.0260	0.1541	0.1419	0.0554	0.0123	0.0018	0.0002	0.0000	0.0000	0.0000
	7	0.0086	0.1076	0.1574	0.0870	0.0259	0.0048	0.0006	0.0000	0.0000	0.0000
	8	0.0024	0.0643	0.1493	0.1169	0.0463	0.0110	0.0017	0.0002	0.0000	0.0000
	9	0.0006	0.0333	0.1230	0.1364	0.0721	0.0220	0.0042	0.0005	0.0000	0.0000
	10	0.0001	0.0152	0.0890	0.1398	0.0985	0.0386	0.0093	0.0014	0.0001	0.0000
	11	0.0000	0.0061	0.0571	0.1271	0.1194	0.0602	0.0182	0.0035	0.0004	0.0000
	12	0.0000	0.0022	0.0328	0.1033	0.1294	0.0838	0.0319	0.0076	0.0011	0.0001
	13	0.0000	0.0007	0.0169	0.0755	0.1260	0.1050	0.0502	0.0147	0.0027	0.0003
	14	0.0000	0.0002	0.0079	0.0499	0.1110	0.1189	0.0714	0.0260	0.0059	0.0008
	15	0.0000	0.0001	0.0033	0.0299	0.0888	0.1223	0.0923	0.0415	0.0116	0.0020
	16	0.0000	0.0000	0.0013	0.0164	0.0648	0.1147	0.1087	0.0606	0.0207	0.0044
	17	0.0000	0.0000	0.0005	0.0082	0.0432	0.0983	0.1171	0.0808	0.0339	0.0087
	18	0.0000	0.0000	0.0001	0.0037	0.0264	0.0772	0.1156	0.0987	0.0508	0.0160
	19	0.0000	0.0000	0.0000	0.0016	0.0148	0.0558	0.1048	0.1109	0.0700	0.0270
	20	0.0000	0.0000	0.0000	0.0006	0.0077	0.0370	0.0875	0.1146	0.0888	0.0419
	21	0.0000	0.0000	0.0000	0.0002	0.0036	0.0227	0.0673	0.1091	0.1038	0.0598
	22	0.0000	0.0000	0.0000	0.0001	0.0016	0.0128	0.0478	0.0959	0.1119	0.0788
	23	0.0000	0.0000	0.0000	0.0000	0.0006	0.0067	0.0313	0.0778	0.1115	0.0960
	24	0.0000	0.0000	0.0000	0.0000	0.0002	0.0032	0.0190	0.0584	0.1026	0.1080
	25	0.0000	0.0000	0.0000	0.0000	0.0001	0.0014	0.0106	0.0405	0.0873	0.1123
	26	0.0000	0.0000	0.0000	0.0000	0.0000	0.0006	0.0055	0.0259	0.0687	0.1080
	27	0.0000	0.0000	0.0000	0.0000	0.0000	0.0002	0.0026	0.0154	0.0500	0.0960
	28	0.0000	0.0000	0.0000	0.0000	0.0000	0.0001	0.0012	0.0084	0.0336	0.0788
	29	0.0000	0.0000	0.0000	0.0000	0.0000	0.0000	0.0005	0.0043	0.0208	0.0598
	30	0.0000	0.0000	0.0000	0.0000	0.0000	0.0000	0.0002	0.0020	0.0119	0.0419
	31	0.0000	0.0000	0.0000	0.0000	0.0000	0.0000	0.0001	0.0009	0.0063	0.0270
	32	0.0000	0.0000	0.0000	0.0000	0.0000	0.0000	0.0000	0.0003	0.0031	0.0160
	33	0.0000	0.0000	0.0000	0.0000	0.0000	0.0000	0.0000	0.0001	0.0014	0.0087
	34	0.0000	0.0000	0.0000	0.0000	0.0000	0.0000	0.0000	0.0000	0.0006	0.0044
	35	0.0000	0.0000	0.0000	0.0000	0.0000	0.0000	0.0000	0.0000	0.0002	0.0020
	36	0.0000	0.0000	0.0000	0.0000	0.0000	0.0000	0.0000	0.0000	0.0001	0.0008
	37	0.0000	0.0000	0.0000	0.0000	0.0000	0.0000	0.0000	0.0000	0.0000	0.0003
	38	0.0000	0.0000	0.0000	0.0000	0.0000	0.0000	0.0000	0.0000	0.0000	0.0001
	39	0.0000	0.0000	0.0000	0.0000	0.0000	0.0000	0.0000	0.0000	0.0000	0.0000
	40	0.0000	0.0000	0.0000	0.0000	0.0000	0.0000	0.0000	0.0000	0.0000	0.0000
	41	0.0000	0.0000	0.0000	0.0000	0.0000	0.0000	0.0000	0.0000	0.0000	0.0000
	42	0.0000	0.0000	0.0000	0.0000	0.0000	0.0000	0.0000	0.0000	0.0000	0.0000
	43	0.0000	0.0000	0.0000	0.0000	0.0000	0.0000	0.0000	0.0000	0.0000	0.0000
	44	0.0000	0.0000	0.0000	0.0000	0.0000	0.0000	0.0000	0.0000	0.0000	0.0000
	45	0.0000	0.0000	0.0000	0.0000	0.0000	0.0000	0.0000	0.0000	0.0000	0.0000
	46	0.0000	0.0000	0.0000	0.0000	0.0000	0.0000	0.0000	0.0000	0.0000	0.0000
	47	0.0000	0.0000	0.0000	0.0000	0.0000	0.0000	0.0000	0.0000	0.0000	0.0000
	48	0.0000	0.0000	0.0000	0.0000	0.0000	0.0000	0.0000	0.0000	0.0000	0.0000
	49	0.0000	0.0000	0.0000	0.0000	0.0000	0.0000	0.0000	0.0000	0.0000	0.0000
	50	0.0000	0.0000	0.0000	0.0000	0.0000	0.0000	0.0000	0.0000	0.0000	0.0000

<u>Tabelle 2b</u>: Verteilungsfunktion F(x|n;π) der Binomialverteilung

Für π > 0,5 verwende man F(x|n;π) = 1 - F(n-x-1|n;1-π).

n	x	π = 0.05	0.10	0.15	0.20	0.25	0.30	0.35	0.40	0.45	0.50
1	0	0.9500	0.9000	0.8500	0.8000	0.7500	0.7000	0.6500	0.6000	0.5500	0.5000
	1	1.0000	1.0000	1.0000	1.0000	1.0000	1.0000	1.0000	1.0000	1.0000	1.0000
2	0	0.9025	0.8100	0.7225	0.6400	0.5625	0.4900	0.4225	0.3600	0.3025	0.2500
	1	0.9975	0.9900	0.9775	0.9600	0.9375	0.9100	0.8775	0.8400	0.7975	0.7500
	2	1.0000	1.0000	1.0000	1.0000	1.0000	1.0000	1.0000	1.0000	1.0000	1.0000
3	0	0.8574	0.7290	0.6141	0.5120	0.4219	0.3430	0.2746	0.2160	0.1664	0.1250
	1	0.9927	0.9720	0.9393	0.8960	0.8438	0.7840	0.7183	0.6480	0.5748	0.5000
	2	0.9999	0.9990	0.9966	0.9920	0.9844	0.9730	0.9571	0.9360	0.9089	0.8750
	3	1.0000	1.0000	1.0000	1.0000	1.0000	1.0000	1.0000	1.0000	1.0000	1.0000
4	0	0.8145	0.6561	0.5220	0.4096	0.3164	0.2401	0.1785	0.1296	0.0915	0.0625
	1	0.9860	0.9477	0.8905	0.8192	0.7383	0.6517	0.5630	0.4752	0.3910	0.3125
	2	0.9995	0.9963	0.9880	0.9728	0.9492	0.9163	0.8735	0.8208	0.7585	0.6875
	3	1.0000	0.9999	0.9995	0.9984	0.9961	0.9919	0.9850	0.9744	0.9590	0.9375
	4	1.0000	1.0000	1.0000	1.0000	1.0000	1.0000	1.0000	1.0000	1.0000	1.0000
5	0	0.7738	0.5905	0.4437	0.3277	0.2373	0.1681	0.1160	0.0778	0.0503	0.0313
	1	0.9774	0.9185	0.8352	0.7373	0.6328	0.5282	0.4284	0.3370	0.2562	0.1875
	2	0.9988	0.9914	0.9734	0.9421	0.8965	0.8369	0.7648	0.6826	0.5931	0.5000
	3	1.0000	0.9995	0.9978	0.9933	0.9844	0.9692	0.9460	0.9130	0.8688	0.8125
	4	1.0000	1.0000	0.9999	0.9997	0.9990	0.9976	0.9947	0.9898	0.9815	0.9688
	5	1.0000	1.0000	1.0000	1.0000	1.0000	1.0000	1.0000	1.0000	1.0000	1.0000
6	0	0.7351	0.5314	0.3771	0.2621	0.1780	0.1176	0.0754	0.0467	0.0277	0.0156
	1	0.9672	0.8857	0.7765	0.6554	0.5339	0.4202	0.3191	0.2333	0.1636	0.1094
	2	0.9978	0.9842	0.9527	0.9011	0.8306	0.7443	0.6471	0.5443	0.4415	0.3438
	3	0.9999	0.9987	0.9941	0.9830	0.9624	0.9295	0.8826	0.8208	0.7447	0.6563
	4	1.0000	0.9999	0.9996	0.9984	0.9954	0.9891	0.9777	0.9590	0.9308	0.8906
	5	1.0000	1.0000	1.0000	0.9999	0.9998	0.9993	0.9982	0.9959	0.9917	0.9844
	6	1.0000	1.0000	1.0000	1.0000	1.0000	1.0000	1.0000	1.0000	1.0000	1.0000
7	0	0.6983	0.4783	0.3206	0.2097	0.1335	0.0824	0.0490	0.0280	0.0152	0.0078
	1	0.9556	0.8503	0.7166	0.5767	0.4449	0.3294	0.2338	0.1586	0.1024	0.0625
	2	0.9962	0.9743	0.9262	0.8520	0.7564	0.6471	0.5323	0.4199	0.3164	0.2266
	3	0.9998	0.9973	0.9879	0.9667	0.9294	0.8740	0.8002	0.7102	0.6083	0.5000
	4	1.0000	0.9998	0.9988	0.9953	0.9871	0.9712	0.9444	0.9037	0.8471	0.7734
	5	1.0000	1.0000	0.9999	0.9996	0.9987	0.9962	0.9910	0.9812	0.9643	0.9375
	6	1.0000	1.0000	1.0000	1.0000	0.9999	0.9998	0.9994	0.9984	0.9963	0.9922
	7	1.0000	1.0000	1.0000	1.0000	1.0000	1.0000	1.0000	1.0000	1.0000	1.0000
8	0	0.6634	0.4305	0.2725	0.1678	0.1001	0.0576	0.0319	0.0168	0.0084	0.0039
	1	0.9428	0.8131	0.6572	0.5033	0.3671	0.2553	0.1691	0.1064	0.0632	0.0352
	2	0.9942	0.9619	0.8948	0.7969	0.6785	0.5518	0.4278	0.3154	0.2201	0.1445
	3	0.9996	0.9950	0.9786	0.9437	0.8862	0.8059	0.7064	0.5941	0.4770	0.3633
	4	1.0000	0.9996	0.9971	0.9896	0.9727	0.9420	0.8939	0.8263	0.7396	0.6367
	5	1.0000	1.0000	0.9998	0.9988	0.9958	0.9887	0.9747	0.9502	0.9115	0.8555
	6	1.0000	1.0000	1.0000	0.9999	0.9996	0.9987	0.9964	0.9915	0.9819	0.9648
	7	1.0000	1.0000	1.0000	1.0000	1.0000	0.9999	0.9998	0.9993	0.9983	0.9961
	8	1.0000	1.0000	1.0000	1.0000	1.0000	1.0000	1.0000	1.0000	1.0000	1.0000
9	0	0.6302	0.3874	0.2316	0.1342	0.0751	0.0404	0.0207	0.0101	0.0046	0.0020
	1	0.9288	0.7748	0.5995	0.4362	0.3003	0.1960	0.1211	0.0705	0.0385	0.0195
	2	0.9916	0.9470	0.8591	0.7382	0.6007	0.4628	0.3373	0.2318	0.1495	0.0898
	3	0.9994	0.9917	0.9661	0.9144	0.8343	0.7297	0.6089	0.4826	0.3614	0.2539
	4	1.0000	0.9991	0.9944	0.9804	0.9511	0.9012	0.8283	0.7334	0.6214	0.5000
	5	1.0000	0.9999	0.9994	0.9969	0.9900	0.9747	0.9464	0.9006	0.8342	0.7461
	6	1.0000	1.0000	1.0000	0.9997	0.9987	0.9957	0.9888	0.9750	0.9502	0.9102
	7	1.0000	1.0000	1.0000	1.0000	0.9999	0.9996	0.9986	0.9962	0.9909	0.9805
	8	1.0000	1.0000	1.0000	1.0000	1.0000	1.0000	0.9999	0.9997	0.9992	0.9980
	9	1.0000	1.0000	1.0000	1.0000	1.0000	1.0000	1.0000	1.0000	1.0000	1.0000

abelle 2b (Fortsetzung)

		π									
n	x	0.05	0.10	0.15	0.20	0.25	0.30	0.35	0.40	0.45	0.50
10	0	0.5987	0.3487	0.1969	0.1074	0.0563	0.0282	0.0135	0.0060	0.0025	0.0010
	1	0.9139	0.7361	0.5443	0.3758	0.2440	0.1493	0.0860	0.0464	0.0233	0.0107
	2	0.9885	0.9298	0.8202	0.6778	0.5256	0.3828	0.2616	0.1673	0.0996	0.0547
	3	0.9990	0.9872	0.9500	0.8791	0.7759	0.6496	0.5138	0.3823	0.2660	0.1719
	4	0.9999	0.9984	0.9901	0.9672	0.9219	0.8497	0.7515	0.6331	0.5044	0.3770
	5	1.0000	0.9999	0.9986	0.9936	0.9803	0.9527	0.9051	0.8338	0.7384	0.6230
	6	1.0000	1.0000	0.9999	0.9991	0.9965	0.9894	0.9740	0.9452	0.8980	0.8281
	7	1.0000	1.0000	1.0000	0.9999	0.9996	0.9984	0.9952	0.9877	0.9726	0.9453
	8	1.0000	1.0000	1.0000	1.0000	1.0000	0.9999	0.9995	0.9983	0.9955	0.9893
	9	1.0000	1.0000	1.0000	1.0000	1.0000	1.0000	1.0000	0.9999	0.9997	0.9990
	10	1.0000	1.0000	1.0000	1.0000	1.0000	1.0000	1.0000	1.0000	1.0000	1.0000
20	0	0.3585	0.1216	0.0388	0.0115	0.0032	0.0008	0.0002	0.0000	0.0000	0.0000
	1	0.7358	0.3917	0.1756	0.0692	0.0243	0.0076	0.0021	0.0005	0.0001	0.0000
	2	0.9245	0.6769	0.4049	0.2061	0.0913	0.0355	0.0121	0.0036	0.0009	0.0002
	3	0.9841	0.8670	0.6477	0.4114	0.2252	0.1071	0.0444	0.0160	0.0049	0.0013
	4	0.9974	0.9568	0.8298	0.6296	0.4148	0.2375	0.1182	0.0510	0.0189	0.0059
	5	0.9997	0.9887	0.9327	0.8042	0.6172	0.4164	0.2454	0.1256	0.0553	0.0207
	6	1.0000	0.9976	0.9781	0.9133	0.7858	0.6080	0.4166	0.2500	0.1299	0.0577
	7	1.0000	0.9996	0.9941	0.9679	0.8982	0.7723	0.6010	0.4159	0.2520	0.1316
	8	1.0000	0.9999	0.9987	0.9900	0.9591	0.8867	0.7624	0.5956	0.4143	0.2517
	9	1.0000	1.0000	0.9998	0.9974	0.9861	0.9520	0.8782	0.7553	0.5914	0.4119
	10	1.0000	1.0000	1.0000	0.9994	0.9961	0.9829	0.9468	0.8725	0.7507	0.5881
	11	1.0000	1.0000	1.0000	0.9999	0.9991	0.9949	0.9804	0.9435	0.8692	0.7483
	12	1.0000	1.0000	1.0000	1.0000	0.9998	0.9987	0.9940	0.9790	0.9420	0.8684
	13	1.0000	1.0000	1.0000	1.0000	1.0000	0.9997	0.9985	0.9935	0.9786	0.9423
	14	1.0000	1.0000	1.0000	1.0000	1.0000	1.0000	0.9997	0.9984	0.9936	0.9793
	15	1.0000	1.0000	1.0000	1.0000	1.0000	1.0000	1.0000	0.9997	0.9985	0.9941
	16	1.0000	1.0000	1.0000	1.0000	1.0000	1.0000	1.0000	1.0000	0.9997	0.9987
	17	1.0000	1.0000	1.0000	1.0000	1.0000	1.0000	1.0000	1.0000	1.0000	0.9998
	18	1.0000	1.0000	1.0000	1.0000	1.0000	1.0000	1.0000	1.0000	1.0000	1.0000
	19	1.0000	1.0000	1.0000	1.0000	1.0000	1.0000	1.0000	1.0000	1.0000	1.0000
	20	1.0000	1.0000	1.0000	1.0000	1.0000	1.0000	1.0000	1.0000	1.0000	1.0000
30	0	0.2146	0.0424	0.0076	0.0012	0.0002	0.0000	0.0000	0.0000	0.0000	0.0000
	1	0.5535	0.1837	0.0480	0.0105	0.0020	0.0003	0.0000	0.0000	0.0000	0.0000
	2	0.8122	0.4114	0.1514	0.0442	0.0106	0.0021	0.0003	0.0000	0.0000	0.0000
	3	0.9392	0.6474	0.3217	0.1227	0.0374	0.0093	0.0019	0.0003	0.0000	0.0000
	4	0.9844	0.8245	0.5245	0.2552	0.0979	0.0302	0.0075	0.0015	0.0002	0.0000
	5	0.9967	0.9268	0.7106	0.4275	0.2026	0.0766	0.0233	0.0057	0.0011	0.0002
	6	0.9994	0.9742	0.8474	0.6070	0.3481	0.1595	0.0586	0.0172	0.0040	0.0007
	7	0.9999	0.9922	0.9302	0.7608	0.5143	0.2814	0.1238	0.0435	0.0121	0.0026
	8	1.0000	0.9980	0.9722	0.8713	0.6736	0.4315	0.2247	0.0940	0.0312	0.0081
	9	1.0000	0.9995	0.9903	0.9389	0.8034	0.5888	0.3575	0.1763	0.0694	0.0214
	10	1.0000	0.9999	0.9971	0.9744	0.8943	0.7304	0.5078	0.2915	0.1350	0.0494
	11	1.0000	1.0000	0.9992	0.9905	0.9493	0.8407	0.6548	0.4311	0.2327	0.1002
	12	1.0000	1.0000	0.9998	0.9969	0.9784	0.9155	0.7802	0.5785	0.3592	0.1808
	13	1.0000	1.0000	1.0000	0.9991	0.9918	0.9599	0.8737	0.7145	0.5025	0.2923
	14	1.0000	1.0000	1.0000	0.9998	0.9973	0.9831	0.9348	0.8246	0.6448	0.4278
	15	1.0000	1.0000	1.0000	0.9999	0.9992	0.9936	0.9699	0.9029	0.7691	0.5722
	16	1.0000	1.0000	1.0000	1.0000	0.9998	0.9979	0.9876	0.9519	0.8644	0.7077
	17	1.0000	1.0000	1.0000	1.0000	0.9999	0.9994	0.9955	0.9788	0.9286	0.8192
	18	1.0000	1.0000	1.0000	1.0000	1.0000	0.9998	0.9986	0.9917	0.9666	0.8998
	19	1.0000	1.0000	1.0000	1.0000	1.0000	1.0000	0.9996	0.9971	0.9862	0.9506
	20	1.0000	1.0000	1.0000	1.0000	1.0000	1.0000	0.9999	0.9991	0.9950	0.9786
	21	1.0000	1.0000	1.0000	1.0000	1.0000	1.0000	1.0000	0.9998	0.9984	0.9919
	22	1.0000	1.0000	1.0000	1.0000	1.0000	1.0000	1.0000	1.0000	0.9996	0.9974
	23	1.0000	1.0000	1.0000	1.0000	1.0000	1.0000	1.0000	1.0000	0.9999	0.9993
	24	1.0000	1.0000	1.0000	1.0000	1.0000	1.0000	1.0000	1.0000	1.0000	0.9998
	25	1.0000	1.0000	1.0000	1.0000	1.0000	1.0000	1.0000	1.0000	1.0000	1.0000
	26	1.0000	1.0000	1.0000	1.0000	1.0000	1.0000	1.0000	1.0000	1.0000	1.0000
	27	1.0000	1.0000	1.0000	1.0000	1.0000	1.0000	1.0000	1.0000	1.0000	1.0000
	28	1.0000	1.0000	1.0000	1.0000	1.0000	1.0000	1.0000	1.0000	1.0000	1.0000
	29	1.0000	1.0000	1.0000	1.0000	1.0000	1.0000	1.0000	1.0000	1.0000	1.0000
	30	1.0000	1.0000	1.0000	1.0000	1.0000	1.0000	1.0000	1.0000	1.0000	1.0000

Tabelle 2b (Fortsetzung)

n	x	π 0.05	0.10	0.15	0.20	0.25	0.30	0.35	0.40	0.45	0.50
40	0	0.1285	0.0148	0.0015	0.0001	0.0000	0.0000	0.0000	0.0000	0.0000	0.0000
	1	0.3991	0.0805	0.0121	0.0015	0.0001	0.0000	0.0000	0.0000	0.0000	0.0000
	2	0.6767	0.2228	0.0486	0.0079	0.0010	0.0001	0.0000	0.0000	0.0000	0.0000
	3	0.8619	0.4231	0.1302	0.0285	0.0047	0.0006	0.0001	0.0000	0.0000	0.0000
	4	0.9520	0.6290	0.2633	0.0759	0.0160	0.0026	0.0003	0.0000	0.0000	0.0000
	5	0.9861	0.7937	0.4325	0.1613	0.0433	0.0086	0.0013	0.0001	0.0000	0.0000
	6	0.9966	0.9005	0.6067	0.2859	0.0962	0.0238	0.0044	0.0006	0.0001	0.0000
	7	0.9993	0.9581	0.7559	0.4371	0.1820	0.0553	0.0124	0.0021	0.0002	0.0000
	8	0.9999	0.9845	0.8646	0.5931	0.2998	0.1110	0.0303	0.0061	0.0009	0.0001
	9	1.0000	0.9949	0.9328	0.7318	0.4395	0.1959	0.0644	0.0156	0.0027	0.0003
	10	1.0000	0.9985	0.9701	0.8392	0.5839	0.3087	0.1215	0.0352	0.0074	0.0011
	11	1.0000	0.9996	0.9880	0.9125	0.7151	0.4406	0.2053	0.0709	0.0179	0.0032
	12	1.0000	0.9999	0.9957	0.9568	0.8209	0.5772	0.3143	0.1285	0.0386	0.0083
	13	1.0000	1.0000	0.9986	0.9806	0.8968	0.7032	0.4408	0.2112	0.0751	0.0192
	14	1.0000	1.0000	0.9996	0.9921	0.9456	0.8074	0.5721	0.3174	0.1326	0.0403
	15	1.0000	1.0000	0.9999	0.9971	0.9738	0.8849	0.6946	0.4402	0.2142	0.0769
	16	1.0000	1.0000	1.0000	0.9990	0.9884	0.9367	0.7978	0.5681	0.3185	0.1341
	17	1.0000	1.0000	1.0000	0.9997	0.9953	0.9680	0.8761	0.6885	0.4391	0.2148
	18	1.0000	1.0000	1.0000	0.9999	0.9983	0.9852	0.9301	0.7911	0.5651	0.3179
	19	1.0000	1.0000	1.0000	1.0000	0.9994	0.9937	0.9637	0.8702	0.6844	0.4373
	20	1.0000	1.0000	1.0000	1.0000	0.9998	0.9976	0.9827	0.9256	0.7870	0.5627
	21	1.0000	1.0000	1.0000	1.0000	1.0000	0.9991	0.9925	0.9608	0.8669	0.6821
	22	1.0000	1.0000	1.0000	1.0000	1.0000	0.9997	0.9970	0.9811	0.9233	0.7852
	23	1.0000	1.0000	1.0000	1.0000	1.0000	0.9999	0.9989	0.9917	0.9595	0.8659
	24	1.0000	1.0000	1.0000	1.0000	1.0000	1.0000	0.9996	0.9966	0.9804	0.9231
	25	1.0000	1.0000	1.0000	1.0000	1.0000	1.0000	0.9999	0.9988	0.9914	0.9597
	26	1.0000	1.0000	1.0000	1.0000	1.0000	1.0000	1.0000	0.9996	0.9966	0.9808
	27	1.0000	1.0000	1.0000	1.0000	1.0000	1.0000	1.0000	0.9999	0.9988	0.9917
	28	1.0000	1.0000	1.0000	1.0000	1.0000	1.0000	1.0000	1.0000	0.9996	0.9968
	29	1.0000	1.0000	1.0000	1.0000	1.0000	1.0000	1.0000	1.0000	0.9999	0.9989
	30	1.0000	1.0000	1.0000	1.0000	1.0000	1.0000	1.0000	1.0000	1.0000	0.9997
	31	1.0000	1.0000	1.0000	1.0000	1.0000	1.0000	1.0000	1.0000	1.0000	0.9999
	32	1.0000	1.0000	1.0000	1.0000	1.0000	1.0000	1.0000	1.0000	1.0000	1.0000
	33	1.0000	1.0000	1.0000	1.0000	1.0000	1.0000	1.0000	1.0000	1.0000	1.0000
	34	1.0000	1.0000	1.0000	1.0000	1.0000	1.0000	1.0000	1.0000	1.0000	1.0000
	35	1.0000	1.0000	1.0000	1.0000	1.0000	1.0000	1.0000	1.0000	1.0000	1.0000
	36	1.0000	1.0000	1.0000	1.0000	1.0000	1.0000	1.0000	1.0000	1.0000	1.0000
	37	1.0000	1.0000	1.0000	1.0000	1.0000	1.0000	1.0000	1.0000	1.0000	1.0000
	38	1.0000	1.0000	1.0000	1.0000	1.0000	1.0000	1.0000	1.0000	1.0000	1.0000
	39	1.0000	1.0000	1.0000	1.0000	1.0000	1.0000	1.0000	1.0000	1.0000	1.0000
	40	1.0000	1.0000	1.0000	1.0000	1.0000	1.0000	1.0000	1.0000	1.0000	1.0000

belle 2b (Fortsetzung)

n	x	π									
		0.05	0.10	0.15	0.20	0.25	0.30	0.35	0.40	0.45	0.50
[illegible]	0	0.0769	0.0052	0.0003	0.0000	0.0000	0.0000	0.0000	0.0000	0.0000	0.0000
	1	0.2794	0.0338	0.0029	0.0002	0.0000	0.0000	0.0000	0.0000	0.0000	0.0000
	2	0.5405	0.1117	0.0142	0.0013	0.0001	0.0000	0.0000	0.0000	0.0000	0.0000
	3	0.7604	0.2503	0.0460	0.0057	0.0005	0.0000	0.0000	0.0000	0.0000	0.0000
	4	0.8964	0.4312	0.1121	0.0185	0.0021	0.0002	0.0000	0.0000	0.0000	0.0000
	5	0.9622	0.6161	0.2194	0.0480	0.0070	0.0007	0.0001	0.0000	0.0000	0.0000
	6	0.9882	0.7702	0.3613	0.1034	0.0194	0.0025	0.0002	0.0000	0.0000	0.0000
	7	0.9968	0.8779	0.5188	0.1904	0.0453	0.0073	0.0008	0.0001	0.0000	0.0000
	8	0.9992	0.9421	0.6681	0.3073	0.0916	0.0183	0.0025	0.0002	0.0000	0.0000
	9	0.9998	0.9755	0.7911	0.4437	0.1637	0.0402	0.0067	0.0008	0.0001	0.0000
	10	1.0000	0.9906	0.8801	0.5836	0.2622	0.0789	0.0160	0.0022	0.0002	0.0000
	11	1.0000	0.9968	0.9372	0.7107	0.3816	0.1390	0.0342	0.0057	0.0006	0.0000
	12	1.0000	0.9990	0.9699	0.8139	0.5110	0.2229	0.0661	0.0133	0.0018	0.0002
	13	1.0000	0.9997	0.9868	0.8894	0.6370	0.3279	0.1163	0.0280	0.0045	0.0005
	14	1.0000	0.9999	0.9947	0.9393	0.7481	0.4468	0.1878	0.0540	0.0104	0.0013
	15	1.0000	1.0000	0.9981	0.9692	0.8369	0.5692	0.2801	0.0955	0.0220	0.0033
	16	1.0000	1.0000	0.9993	0.9856	0.9017	0.6839	0.3889	0.1561	0.0427	0.0077
	17	1.0000	1.0000	0.9998	0.9937	0.9449	0.7822	0.5060	0.2369	0.0765	0.0164
	18	1.0000	1.0000	0.9999	0.9975	0.9713	0.8594	0.6216	0.3356	0.1273	0.0325
	19	1.0000	1.0000	1.0000	0.9991	0.9861	0.9152	0.7264	0.4465	0.1974	0.0595
	20	1.0000	1.0000	1.0000	0.9997	0.9937	0.9522	0.8139	0.5610	0.2862	0.1013
	21	1.0000	1.0000	1.0000	0.9999	0.9974	0.9749	0.8813	0.6701	0.3900	0.1611
	22	1.0000	1.0000	1.0000	1.0000	0.9990	0.9877	0.9290	0.7660	0.5019	0.2399
	23	1.0000	1.0000	1.0000	1.0000	0.9996	0.9944	0.9604	0.8438	0.6134	0.3359
	24	1.0000	1.0000	1.0000	1.0000	0.9999	0.9976	0.9793	0.9022	0.7160	0.4439
	25	1.0000	1.0000	1.0000	1.0000	1.0000	0.9991	0.9900	0.9427	0.8034	0.5561
	26	1.0000	1.0000	1.0000	1.0000	1.0000	0.9997	0.9955	0.9686	0.8721	0.6641
	27	1.0000	1.0000	1.0000	1.0000	1.0000	0.9999	0.9981	0.9840	0.9220	0.7601
	28	1.0000	1.0000	1.0000	1.0000	1.0000	1.0000	0.9993	0.9924	0.9556	0.8389
	29	1.0000	1.0000	1.0000	1.0000	1.0000	1.0000	0.9997	0.9966	0.9765	0.8987
	30	1.0000	1.0000	1.0000	1.0000	1.0000	1.0000	0.9999	0.9986	0.9884	0.9405
	31	1.0000	1.0000	1.0000	1.0000	1.0000	1.0000	1.0000	0.9995	0.9947	0.9675
	32	1.0000	1.0000	1.0000	1.0000	1.0000	1.0000	1.0000	0.9998	0.9978	0.9836
	33	1.0000	1.0000	1.0000	1.0000	1.0000	1.0000	1.0000	0.9999	0.9991	0.9923
	34	1.0000	1.0000	1.0000	1.0000	1.0000	1.0000	1.0000	1.0000	0.9997	0.9967
	35	1.0000	1.0000	1.0000	1.0000	1.0000	1.0000	1.0000	1.0000	0.9999	0.9987
	36	1.0000	1.0000	1.0000	1.0000	1.0000	1.0000	1.0000	1.0000	1.0000	0.9995
	37	1.0000	1.0000	1.0000	1.0000	1.0000	1.0000	1.0000	1.0000	1.0000	0.9998
	38	1.0000	1.0000	1.0000	1.0000	1.0000	1.0000	1.0000	1.0000	1.0000	1.0000
	39	1.0000	1.0000	1.0000	1.0000	1.0000	1.0000	1.0000	1.0000	1.0000	1.0000
	40	1.0000	1.0000	1.0000	1.0000	1.0000	1.0000	1.0000	1.0000	1.0000	1.0000
	41	1.0000	1.0000	1.0000	1.0000	1.0000	1.0000	1.0000	1.0000	1.0000	1.0000
	42	1.0000	1.0000	1.0000	1.0000	1.0000	1.0000	1.0000	1.0000	1.0000	1.0000
	43	1.0000	1.0000	1.0000	1.0000	1.0000	1.0000	1.0000	1.0000	1.0000	1.0000
	44	1.0000	1.0000	1.0000	1.0000	1.0000	1.0000	1.0000	1.0000	1.0000	1.0000
	45	1.0000	1.0000	1.0000	1.0000	1.0000	1.0000	1.0000	1.0000	1.0000	1.0000
	46	1.0000	1.0000	1.0000	1.0000	1.0000	1.0000	1.0000	1.0000	1.0000	1.0000
	47	1.0000	1.0000	1.0000	1.0000	1.0000	1.0000	1.0000	1.0000	1.0000	1.0000
	48	1.0000	1.0000	1.0000	1.0000	1.0000	1.0000	1.0000	1.0000	1.0000	1.0000
	49	1.0000	1.0000	1.0000	1.0000	1.0000	1.0000	1.0000	1.0000	1.0000	1.0000
	50	1.0000	1.0000	1.0000	1.0000	1.0000	1.0000	1.0000	1.0000	1.0000	1.0000

Tabelle 3a: Wahrscheinlichkeitsfunktion $f(x|\lambda)$ der Poisson-Verteilung

x	λ = 0.1	0.2	0.3	0.4	0.5	0.6	0.7	0.8	0.9	1.0
0	0.9048	0.8187	0.7408	0.6703	0.6065	0.5488	0.4966	0.4493	0.4066	0.3679
1	0.0905	0.1637	0.2222	0.2681	0.3033	0.3293	0.3476	0.3595	0.3659	0.3679
2	0.0045	0.0164	0.0333	0.0536	0.0758	0.0988	0.1217	0.1438	0.1647	0.1839
3	0.0002	0.0011	0.0033	0.0072	0.0126	0.0198	0.0284	0.0383	0.0494	0.0613
4	0.0000	0.0001	0.0003	0.0007	0.0016	0.0030	0.0050	0.0077	0.0111	0.0153
5	0.0000	0.0000	0.0000	0.0001	0.0002	0.0004	0.0007	0.0012	0.0020	0.0031
6	0.0000	0.0000	0.0000	0.0000	0.0000	0.0000	0.0001	0.0002	0.0003	0.0005
7	0.0000	0.0000	0.0000	0.0000	0.0000	0.0000	0.0000	0.0000	0.0000	0.0001
8	0.0000	0.0000	0.0000	0.0000	0.0000	0.0000	0.0000	0.0000	0.0000	0.0000
9	0.0000	0.0000	0.0000	0.0000	0.0000	0.0000	0.0000	0.0000	0.0000	0.0000
10	0.0000	0.0000	0.0000	0.0000	0.0000	0.0000	0.0000	0.0000	0.0000	0.0000

x	λ = 1.5	2.0	2.5	3.0	3.5	4.0	4.5	5.0	5.5
0	0.2231	0.1353	0.0821	0.0498	0.0302	0.0183	0.0111	0.0067	0.0041
1	0.3347	0.2707	0.2052	0.1494	0.1057	0.0733	0.0500	0.0337	0.0225
2	0.2510	0.2707	0.2565	0.2240	0.1850	0.1465	0.1125	0.0842	0.0618
3	0.1255	0.1804	0.2138	0.2240	0.2158	0.1954	0.1687	0.1404	0.1133
4	0.0471	0.0902	0.1336	0.1680	0.1888	0.1954	0.1898	0.1755	0.1558
5	0.0141	0.0361	0.0668	0.1008	0.1322	0.1563	0.1708	0.1755	0.1714
6	0.0035	0.0120	0.0278	0.0504	0.0771	0.1042	0.1281	0.1462	0.1571
7	0.0008	0.0034	0.0099	0.0216	0.0385	0.0595	0.0824	0.1044	0.1234
8	0.0001	0.0009	0.0031	0.0081	0.0169	0.0298	0.0463	0.0653	0.0849
9	0.0000	0.0002	0.0009	0.0027	0.0066	0.0132	0.0232	0.0363	0.0519
10	0.0000	0.0000	0.0002	0.0008	0.0023	0.0053	0.0104	0.0181	0.0285
11	0.0000	0.0000	0.0000	0.0002	0.0007	0.0019	0.0043	0.0082	0.0143
12	0.0000	0.0000	0.0000	0.0001	0.0002	0.0006	0.0016	0.0034	0.0065
13	0.0000	0.0000	0.0000	0.0000	0.0001	0.0002	0.0006	0.0013	0.0028
14	0.0000	0.0000	0.0000	0.0000	0.0000	0.0001	0.0002	0.0005	0.0011
15	0.0000	0.0000	0.0000	0.0000	0.0000	0.0000	0.0001	0.0002	0.0004
16	0.0000	0.0000	0.0000	0.0000	0.0000	0.0000	0.0000	0.0000	0.0001
17	0.0000	0.0000	0.0000	0.0000	0.0000	0.0000	0.0000	0.0000	0.0000
18	0.0000	0.0000	0.0000	0.0000	0.0000	0.0000	0.0000	0.0000	0.0000
19	0.0000	0.0000	0.0000	0.0000	0.0000	0.0000	0.0000	0.0000	0.0000
20	0.0000	0.0000	0.0000	0.0000	0.0000	0.0000	0.0000	0.0000	0.0000

Tabelle 3a (Fortsetzung)

x	λ = 6.0	6.5	7.0	7.5	8.0	8.5	9.0	9.5	10.0
0	0.0025	0.0015	0.0009	0.0006	0.0003	0.0002	0.0001	0.0001	0.0000
1	0.0149	0.0098	0.0064	0.0041	0.0027	0.0017	0.0011	0.0007	0.0005
2	0.0446	0.0318	0.0223	0.0156	0.0107	0.0074	0.0050	0.0034	0.0023
3	0.0892	0.0688	0.0521	0.0389	0.0286	0.0208	0.0150	0.0107	0.0076
4	0.1339	0.1118	0.0912	0.0729	0.0573	0.0443	0.0337	0.0254	0.0189
5	0.1606	0.1454	0.1277	0.1094	0.0916	0.0752	0.0607	0.0483	0.0378
6	0.1606	0.1575	0.1490	0.1367	0.1221	0.1066	0.0911	0.0764	0.0631
7	0.1377	0.1462	0.1490	0.1465	0.1396	0.1294	0.1171	0.1037	0.0901
8	0.1033	0.1188	0.1304	0.1373	0.1396	0.1375	0.1318	0.1232	0.1126
9	0.0688	0.0858	0.1014	0.1144	0.1241	0.1299	0.1318	0.1300	0.1251
10	0.0413	0.0558	0.0710	0.0858	0.0993	0.1104	0.1186	0.1235	0.1251
11	0.0225	0.0330	0.0452	0.0585	0.0722	0.0853	0.0970	0.1067	0.1137
12	0.0113	0.0179	0.0263	0.0366	0.0481	0.0604	0.0728	0.0844	0.0948
13	0.0052	0.0089	0.0142	0.0211	0.0296	0.0395	0.0504	0.0617	0.0729
14	0.0022	0.0041	0.0071	0.0113	0.0169	0.0240	0.0324	0.0419	0.0521
15	0.0009	0.0018	0.0033	0.0057	0.0090	0.0136	0.0194	0.0265	0.0347
16	0.0003	0.0007	0.0014	0.0026	0.0045	0.0072	0.0109	0.0157	0.0217
17	0.0001	0.0003	0.0006	0.0012	0.0021	0.0036	0.0058	0.0088	0.0128
18	0.0000	0.0001	0.0002	0.0005	0.0009	0.0017	0.0029	0.0046	0.0071
19	0.0000	0.0000	0.0001	0.0002	0.0004	0.0008	0.0014	0.0023	0.0037
20	0.0000	0.0000	0.0000	0.0001	0.0002	0.0003	0.0006	0.0011	0.0019
21	0.0000	0.0000	0.0000	0.0000	0.0001	0.0001	0.0003	0.0005	0.0009
22	0.0000	0.0000	0.0000	0.0000	0.0000	0.0001	0.0001	0.0002	0.0004
23	0.0000	0.0000	0.0000	0.0000	0.0000	0.0000	0.0000	0.0001	0.0002
24	0.0000	0.0000	0.0000	0.0000	0.0000	0.0000	0.0000	0.0000	0.0001
25	0.0000	0.0000	0.0000	0.0000	0.0000	0.0000	0.0000	0.0000	0.0000
26	0.0000	0.0000	0.0000	0.0000	0.0000	0.0000	0.0000	0.0000	0.0000
27	0.0000	0.0000	0.0000	0.0000	0.0000	0.0000	0.0000	0.0000	0.0000
28	0.0000	0.0000	0.0000	0.0000	0.0000	0.0000	0.0000	0.0000	0.0000
29	0.0000	0.0000	0.0000	0.0000	0.0000	0.0000	0.0000	0.0000	0.0000
30	0.0000	0.0000	0.0000	0.0000	0.0000	0.0000	0.0000	0.0000	0.0000

Tabelle 3b: Verteilungsfunktion $F(x|\lambda)$ der Poisson-Verteilung

x	λ = 0.1	0.2	0.3	0.4	0.5	0.6	0.7	0.8	0.9	1.0
0	0.9048	0.8187	0.7408	0.6703	0.6065	0.5488	0.4966	0.4493	0.4066	0.3679
1	0.9953	0.9825	0.9631	0.9384	0.9098	0.8781	0.8442	0.8088	0.7725	0.7358
2	0.9998	0.9989	0.9964	0.9921	0.9856	0.9769	0.9659	0.9526	0.9371	0.9197
3	1.0000	0.9999	0.9997	0.9992	0.9982	0.9966	0.9942	0.9909	0.9865	0.9810
4	1.0000	1.0000	1.0000	0.9999	0.9998	0.9996	0.9992	0.9986	0.9977	0.9963
5	1.0000	1.0000	1.0000	1.0000	1.0000	1.0000	0.9999	0.9998	0.9997	0.9994
6	1.0000	1.0000	1.0000	1.0000	1.0000	1.0000	1.0000	1.0000	1.0000	0.9999
7	1.0000	1.0000	1.0000	1.0000	1.0000	1.0000	1.0000	1.0000	1.0000	1.0000
8	1.0000	1.0000	1.0000	1.0000	1.0000	1.0000	1.0000	1.0000	1.0000	1.0000
9	1.0000	1.0000	1.0000	1.0000	1.0000	1.0000	1.0000	1.0000	1.0000	1.0000
10	1.0000	1.0000	1.0000	1.0000	1.0000	1.0000	1.0000	1.0000	1.0000	1.0000

x	λ = 1.5	2.0	2.5	3.0	3.5	4.0	4.5	5.0	5.5
0	0.2231	0.1353	0.0821	0.0498	0.0302	0.0183	0.0111	0.0067	0.0041
1	0.5578	0.4060	0.2873	0.1991	0.1359	0.0916	0.0611	0.0404	0.0266
2	0.8088	0.6767	0.5438	0.4232	0.3208	0.2381	0.1736	0.1247	0.0884
3	0.9344	0.8571	0.7576	0.6472	0.5366	0.4335	0.3423	0.2650	0.2017
4	0.9814	0.9473	0.8912	0.8153	0.7254	0.6288	0.5321	0.4405	0.3575
5	0.9955	0.9834	0.9580	0.9161	0.8576	0.7851	0.7029	0.6160	0.5289
6	0.9991	0.9955	0.9858	0.9665	0.9347	0.8893	0.8311	0.7622	0.6860
7	0.9998	0.9989	0.9958	0.9881	0.9733	0.9489	0.9134	0.8666	0.8095
8	1.0000	0.9998	0.9989	0.9962	0.9901	0.9786	0.9597	0.9319	0.8944
9	1.0000	1.0000	0.9997	0.9989	0.9967	0.9919	0.9829	0.9682	0.9462
10	1.0000	1.0000	0.9999	0.9997	0.9990	0.9972	0.9933	0.9863	0.9747
11	1.0000	1.0000	1.0000	0.9999	0.9997	0.9991	0.9976	0.9945	0.9890
12	1.0000	1.0000	1.0000	1.0000	0.9999	0.9997	0.9992	0.9980	0.9955
13	1.0000	1.0000	1.0000	1.0000	1.0000	0.9999	0.9997	0.9993	0.9983
14	1.0000	1.0000	1.0000	1.0000	1.0000	1.0000	0.9999	0.9998	0.9994
15	1.0000	1.0000	1.0000	1.0000	1.0000	1.0000	1.0000	0.9999	0.9998
16	1.0000	1.0000	1.0000	1.0000	1.0000	1.0000	1.0000	1.0000	0.9999
17	1.0000	1.0000	1.0000	1.0000	1.0000	1.0000	1.0000	1.0000	1.0000
18	1.0000	1.0000	1.0000	1.0000	1.0000	1.0000	1.0000	1.0000	1.0000
19	1.0000	1.0000	1.0000	1.0000	1.0000	1.0000	1.0000	1.0000	1.0000
20	1.0000	1.0000	1.0000	1.0000	1.0000	1.0000	1.0000	1.0000	1.0000

Tabelle 3b (Fortsetzung)

	λ								
x	6.0	6.5	7.0	7.5	8.0	8.5	9.0	9.5	10.0
0	0.0025	0.0015	0.0009	0.0006	0.0003	0.0002	0.0001	0.0001	0.0000
1	0.0174	0.0113	0.0073	0.0047	0.0030	0.0019	0.0012	0.0008	0.0005
2	0.0620	0.0430	0.0296	0.0203	0.0138	0.0093	0.0062	0.0042	0.0028
3	0.1512	0.1118	0.0818	0.0591	0.0424	0.0301	0.0212	0.0149	0.0103
4	0.2851	0.2237	0.1730	0.1321	0.0996	0.0744	0.0550	0.0403	0.0293
5	0.4457	0.3690	0.3007	0.2414	0.1912	0.1496	0.1157	0.0885	0.0671
6	0.6063	0.5265	0.4497	0.3782	0.3134	0.2562	0.2068	0.1649	0.1301
7	0.7440	0.6728	0.5987	0.5246	0.4530	0.3856	0.3239	0.2687	0.2202
8	0.8472	0.7916	0.7291	0.6620	0.5925	0.5231	0.4557	0.3918	0.3328
9	0.9161	0.8774	0.8305	0.7764	0.7166	0.6530	0.5874	0.5218	0.4579
10	0.9574	0.9332	0.9015	0.8622	0.8159	0.7634	0.7060	0.6453	0.5830
11	0.9799	0.9661	0.9467	0.9208	0.8881	0.8487	0.8030	0.7520	0.6968
12	0.9912	0.9840	0.9730	0.9573	0.9362	0.9091	0.8758	0.8364	0.7916
13	0.9964	0.9929	0.9872	0.9784	0.9658	0.9486	0.9261	0.8981	0.8645
14	0.9986	0.9970	0.9943	0.9897	0.9827	0.9726	0.9585	0.9400	0.9165
15	0.9995	0.9988	0.9976	0.9954	0.9918	0.9862	0.9780	0.9665	0.9513
16	0.9998	0.9996	0.9990	0.9980	0.9963	0.9934	0.9889	0.9823	0.9730
17	0.9999	0.9998	0.9996	0.9992	0.9984	0.9970	0.9947	0.9911	0.9857
18	1.0000	0.9999	0.9999	0.9997	0.9993	0.9987	0.9976	0.9957	0.9928
19	1.0000	1.0000	1.0000	0.9999	0.9997	0.9995	0.9989	0.9980	0.9965
20	1.0000	1.0000	1.0000	1.0000	0.9999	0.9998	0.9996	0.9991	0.9984
21	1.0000	1.0000	1.0000	1.0000	1.0000	0.9999	0.9998	0.9996	0.9993
22	1.0000	1.0000	1.0000	1.0000	1.0000	1.0000	0.9999	0.9999	0.9997
23	1.0000	1.0000	1.0000	1.0000	1.0000	1.0000	1.0000	0.9999	0.9999
24	1.0000	1.0000	1.0000	1.0000	1.0000	1.0000	1.0000	1.0000	1.0000
25	1.0000	1.0000	1.0000	1.0000	1.0000	1.0000	1.0000	1.0000	1.0000
26	1.0000	1.0000	1.0000	1.0000	1.0000	1.0000	1.0000	1.0000	1.0000
27	1.0000	1.0000	1.0000	1.0000	1.0000	1.0000	1.0000	1.0000	1.0000
28	1.0000	1.0000	1.0000	1.0000	1.0000	1.0000	1.0000	1.0000	1.0000
29	1.0000	1.0000	1.0000	1.0000	1.0000	1.0000	1.0000	1.0000	1.0000
30	1.0000	1.0000	1.0000	1.0000	1.0000	1.0000	1.0000	1.0000	1.0000

Tabelle 4a: Verteilungsfunktion $\Phi(u)$ der Standardnormalverteilung

Für $u < 0$ verwende man $\Phi(u) = 1-\Phi(-u)$.

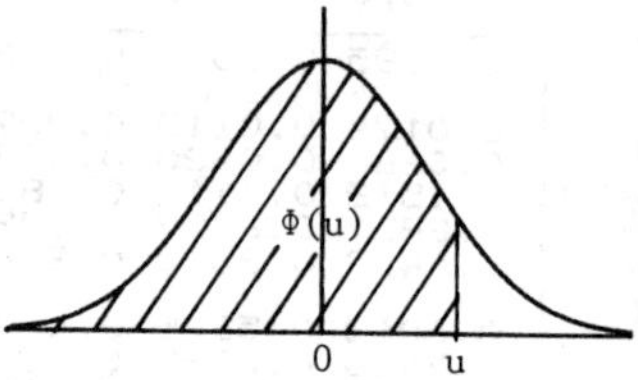

u	0.00	0.01	0.02	0.03	0.04	0.05	0.06	0.07	0.08	0.09
0.0	0.5000	0.5040	0.5080	0.5120	0.5160	0.5199	0.5239	0.5279	0.5319	0.5359
0.1	0.5398	0.5438	0.5478	0.5517	0.5557	0.5596	0.5636	0.5675	0.5714	0.5753
0.2	0.5793	0.5832	0.5871	0.5910	0.5948	0.5987	0.6026	0.6064	0.6103	0.6141
0.3	0.6179	0.6217	0.6255	0.6293	0.6331	0.6368	0.6406	0.6443	0.6480	0.6517
0.4	0.6554	0.6591	0.6628	0.6664	0.6700	0.6736	0.6772	0.6808	0.6844	0.6879
0.5	0.6915	0.6950	0.6985	0.7019	0.7054	0.7088	0.7123	0.7157	0.7190	0.7224
0.6	0.7257	0.7291	0.7324	0.7357	0.7389	0.7422	0.7454	0.7486	0.7517	0.7549
0.7	0.7580	0.7611	0.7642	0.7673	0.7703	0.7734	0.7764	0.7793	0.7823	0.7852
0.8	0.7881	0.7910	0.7939	0.7967	0.7995	0.8023	0.8051	0.8078	0.8106	0.8133
0.9	0.8159	0.8186	0.8212	0.8238	0.8264	0.8289	0.8315	0.8340	0.8365	0.8389
1.0	0.8413	0.8438	0.8461	0.8485	0.8508	0.8531	0.8554	0.8577	0.8599	0.8621
1.1	0.8643	0.8665	0.8686	0.8708	0.8729	0.8749	0.8770	0.8790	0.8810	0.8830
1.2	0.8849	0.8869	0.8888	0.8907	0.8925	0.8943	0.8962	0.8980	0.8997	0.9015
1.3	0.9032	0.9049	0.9066	0.9082	0.9099	0.9115	0.9131	0.9147	0.9162	0.9177
1.4	0.9192	0.9207	0.9222	0.9236	0.9251	0.9265	0.9279	0.9292	0.9306	0.9319
1.5	0.9332	0.9345	0.9357	0.9370	0.9382	0.9394	0.9406	0.9418	0.9429	0.9441
1.6	0.9452	0.9463	0.9474	0.9484	0.9495	0.9505	0.9515	0.9525	0.9535	0.9545
1.7	0.9554	0.9564	0.9573	0.9582	0.9591	0.9599	0.9608	0.9616	0.9625	0.9633
1.8	0.9641	0.9649	0.9656	0.9664	0.9671	0.9678	0.9686	0.9693	0.9699	0.9706
1.9	0.9713	0.9719	0.9726	0.9732	0.9738	0.9744	0.9750	0.9756	0.9761	0.9767
2.0	0.9772	0.9778	0.9783	0.9788	0.9793	0.9798	0.9803	0.9808	0.9812	0.9817
2.1	0.9821	0.9826	0.9830	0.9834	0.9838	0.9842	0.9846	0.9850	0.9854	0.9857
2.2	0.9861	0.9864	0.9868	0.9871	0.9875	0.9878	0.9881	0.9884	0.9887	0.9890
2.3	0.9893	0.9896	0.9898	0.9901	0.9904	0.9906	0.9909	0.9911	0.9913	0.9916
2.4	0.9918	0.9920	0.9922	0.9925	0.9927	0.9929	0.9931	0.9932	0.9934	0.9936
2.5	0.9938	0.9940	0.9941	0.9943	0.9945	0.9946	0.9948	0.9949	0.9951	0.9952
2.6	0.9953	0.9955	0.9956	0.9957	0.9959	0.9960	0.9961	0.9962	0.9963	0.9964
2.7	0.9965	0.9966	0.9967	0.9968	0.9969	0.9970	0.9971	0.9972	0.9973	0.9974
2.8	0.9974	0.9975	0.9976	0.9977	0.9977	0.9978	0.9979	0.9979	0.9980	0.9981
2.9	0.9981	0.9982	0.9982	0.9983	0.9984	0.9984	0.9985	0.9985	0.9986	0.9986
3.0	0.9986	0.9987	0.9987	0.9988	0.9988	0.9989	0.9989	0.9989	0.9990	0.9990
3.1	0.9990	0.9991	0.9991	0.9991	0.9992	0.9992	0.9992	0.9992	0.9993	0.9993
3.2	0.9993	0.9993	0.9994	0.9994	0.9994	0.9994	0.9994	0.9995	0.9995	0.9995
3.3	0.9995	0.9995	0.9995	0.9996	0.9996	0.9996	0.9996	0.9996	0.9996	0.9997
3.4	0.9997	0.9997	0.9997	0.9997	0.9997	0.9997	0.9997	0.9997	0.9997	0.9998
3.5	0.9998	0.9998	0.9998	0.9998	0.9998	0.9998	0.9998	0.9998	0.9998	0.9998

abelle 4b: p-Quantile u_p der Standardnormalverteilung

Für $p < 0,5$ verwende man $u_p = -u_{1-p}$.

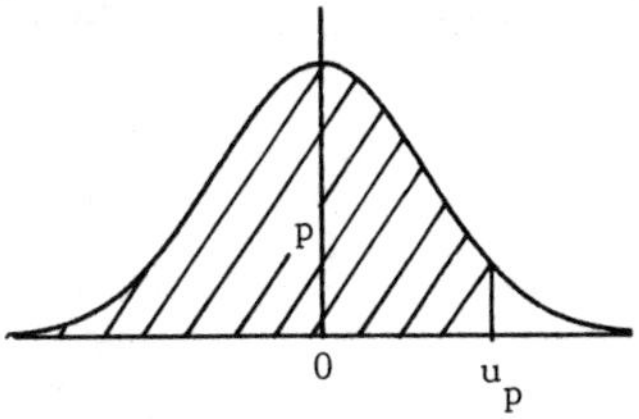

p	0.000	0.001	0.002	0.003	0.004	0.005	0.006	0.007	0.008	0.009
0.90	1.2816	1.2873	1.2930	1.2988	1.3047	1.3106	1.3165	1.3225	1.3285	1.3346
0.91	1.3408	1.3469	1.3532	1.3595	1.3658	1.3722	1.3787	1.3852	1.3917	1.3984
0.92	1.4051	1.4118	1.4187	1.4255	1.4325	1.4395	1.4466	1.4538	1.4611	1.4684
0.93	1.4758	1.4833	1.4909	1.4985	1.5063	1.5141	1.5220	1.5301	1.5382	1.5464
0.94	1.5548	1.5632	1.5718	1.5805	1.5893	1.5982	1.6072	1.6164	1.6258	1.6352
0.95	1.6449	1.6546	1.6646	1.6747	1.6849	1.6954	1.7060	1.7169	1.7279	1.7392
0.96	1.7507	1.7624	1.7744	1.7866	1.7991	1.8119	1.8250	1.8384	1.8522	1.8663
0.97	1.8808	1.8957	1.9110	1.9268	1.9431	1.9600	1.9774	1.9954	2.0141	2.0335
0.98	2.0537	2.0749	2.0969	2.1201	2.1444	2.1701	2.1973	2.2262	2.2571	2.2904
0.99	2.3263	2.3656	2.4089	2.4573	2.5121	2.5758	2.6521	2.7478	2.8782	3.0902

abelle 4c: Zentrale $(1-\alpha)$-Schwankungsintervalle $[-u_{1-\alpha/2}, u_{1-\alpha/2}]$ der Standardnormalverteilung

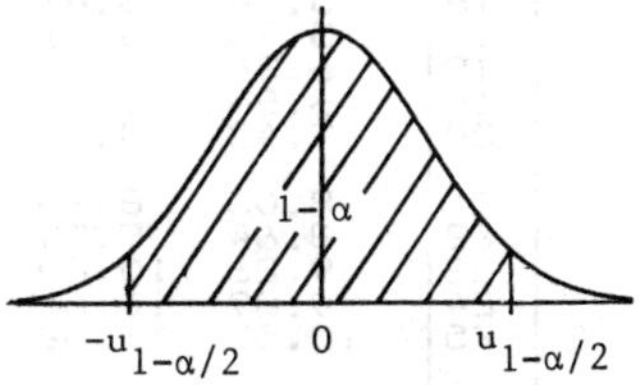

α	0.00	0.01	0.02	0.03	0.04	0.05	0.06	0.07	0.08	0.09
0.0		2.5758	2.3263	2.1701	2.0537	1.9600	1.8808	1.8119	1.7507	1.6954
0.1	1.6449	1.5982	1.5548	1.5141	1.4758	1.4395	1.4051	1.3722	1.3408	1.3106
0.2	1.2816	1.2536	1.2265	1.2004	1.1750	1.1503	1.1264	1.1031	1.0803	1.0581

Tabelle 5: p-Quantile $\chi^2_{p;\nu}$ der χ^2-Verteilung

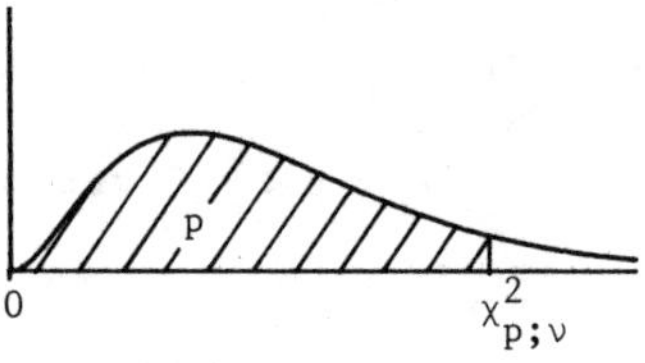

ν	p: 0.005	0.010	0.025	0.050	0.900	0.950	0.975	0.990	0.995
1	0.00	0.00	0.00	0.00	2.71	3.84	5.02	6.63	7.88
2	0.01	0.02	0.05	0.10	4.61	5.99	7.38	9.21	10.60
3	0.07	0.12	0.22	0.35	6.25	7.81	9.35	11.35	12.84
4	0.21	0.30	0.48	0.71	7.78	9.49	11.14	13.28	14.86
5	0.41	0.55	0.83	1.15	9.24	11.07	12.83	15.08	16.75
6	0.68	0.87	1.24	1.64	10.64	12.59	14.45	16.81	18.55
7	0.99	1.24	1.69	2.17	12.01	14.06	16.01	18.47	20.28
8	1.34	1.65	2.18	2.73	13.36	15.51	17.53	20.09	21.96
9	1.73	2.09	2.70	3.33	14.68	16.92	19.02	21.67	23.59
10	2.16	2.56	3.25	3.94	15.99	18.31	20.48	23.21	25.19
11	2.60	3.05	3.82	4.57	17.27	19.67	21.92	24.72	26.76
12	3.07	3.57	4.40	5.23	18.55	21.03	23.34	26.22	28.30
13	3.56	4.11	5.01	5.89	19.81	22.36	24.74	27.69	29.82
14	4.07	4.66	5.63	6.57	21.06	23.68	26.12	29.14	31.32
15	4.60	5.23	6.26	7.26	22.31	25.00	27.49	30.58	32.80
16	5.14	5.81	6.91	7.96	23.54	26.30	28.85	32.00	34.27
17	5.70	6.41	7.56	8.67	24.77	27.59	30.19	33.41	35.72
18	6.26	7.01	8.23	9.39	25.99	28.87	31.53	34.81	37.16
19	6.84	7.63	8.91	10.12	27.20	30.14	32.85	36.19	38.58
20	7.43	8.26	9.59	10.85	28.41	31.41	34.17	37.57	40.00
21	8.03	8.90	10.28	11.59	29.62	32.67	35.48	38.93	41.40
22	8.64	9.54	10.98	12.34	30.81	33.92	36.78	40.29	42.80
23	9.26	10.20	11.69	13.09	32.01	35.17	38.08	41.64	44.18
24	9.89	10.86	12.40	13.85	33.20	36.42	39.36	42.98	45.56
25	10.52	11.52	13.12	14.61	34.38	37.65	40.65	44.31	46.93
26	11.16	12.20	13.84	15.38	35.56	38.89	41.92	45.64	48.29
27	11.81	12.88	14.58	16.15	36.74	40.11	43.19	46.96	49.64
28	12.46	13.56	15.31	16.93	37.92	41.34	44.46	48.28	50.99
29	13.12	14.26	16.05	17.71	39.09	42.56	45.72	49.59	52.34
30	13.79	14.95	16.79	18.49	40.26	43.77	46.98	50.89	53.67
31	14.46	15.66	17.54	19.28	41.42	44.99	48.23	52.19	55.00
32	15.14	16.36	18.29	20.07	42.59	46.19	49.48	53.48	56.33
33	15.82	17.07	19.05	20.87	43.75	47.40	50.73	54.77	57.65
34	16.50	17.79	19.81	21.66	44.90	48.60	51.97	56.06	58.96
35	17.19	18.51	20.57	22.46	46.06	49.80	53.20	57.34	60.27
36	17.89	19.23	21.34	23.27	47.21	51.00	54.44	58.62	61.58
37	18.59	19.96	22.11	24.07	48.36	52.19	55.67	59.89	62.88
38	19.29	20.69	22.88	24.88	49.51	53.38	56.90	61.16	64.18
39	20.00	21.43	23.65	25.70	50.66	54.57	58.12	62.43	65.47
40	20.71	22.17	24.43	26.51	51.81	55.76	59.34	63.69	66.77

Approximative Bestimmung für $\nu > 40$:

$$\chi^2_{p;\nu} \doteq \frac{1}{2}[u_p + \sqrt{2\nu-1}]^2 .$$

<u>Tabelle 6:</u> p-Quantile $t_{p;\nu}$ der t-Verteilung

Für $p < 0{,}5$ verwende man $t_{p;\nu} = -t_{1-p;\nu}$.

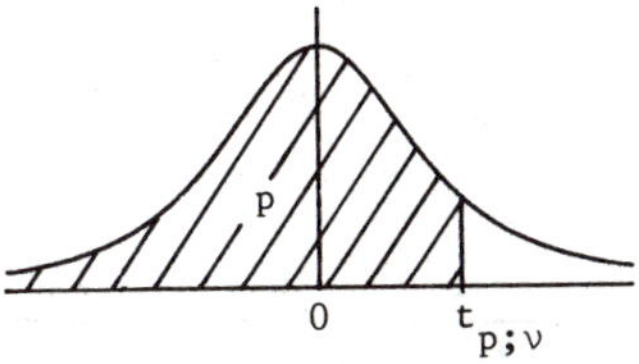

ν	p					
	.750	.900	.950	.975	.990	.995
1	1.00	3.08	6.32	12.71	31.85	63.78
2	0.82	1.89	2.92	4.30	6.97	9.93
3	0.76	1.64	2.35	3.18	4.54	5.84
4	0.74	1.53	2.13	2.78	3.75	4.61
5	0.73	1.48	2.02	2.57	3.37	4.03
6	0.72	1.44	1.94	2.45	3.15	3.72
7	0.71	1.42	1.90	2.37	3.00	3.51
8	0.71	1.40	1.86	2.31	2.90	3.36
9	0.70	1.38	1.83	2.26	2.83	3.26
10	0.70	1.37	1.81	2.23	2.77	3.17
11	0.70	1.36	1.80	2.20	2.72	3.11
12	0.70	1.36	1.78	2.18	2.68	3.06
13	0.69	1.35	1.77	2.16	2.65	3.02
14	0.69	1.35	1.76	2.15	2.63	2.99
15	0.69	1.34	1.75	2.13	2.61	2.95
16	0.69	1.34	1.75	2.12	2.59	2.93
17	0.69	1.33	1.74	2.11	2.57	2.90
18	0.69	1.33	1.73	2.10	2.55	2.88
19	0.69	1.33	1.73	2.09	2.54	2.87
20	0.69	1.33	1.72	2.09	2.53	2.85
21	0.69	1.32	1.72	2.08	2.52	2.84
22	0.69	1.32	1.72	2.07	2.51	2.82
23	0.69	1.32	1.71	2.07	2.50	2.81
24	0.69	1.32	1.71	2.06	2.49	2.80
25	0.68	1.32	1.71	2.06	2.49	2.79
26	0.68	1.32	1.71	2.06	2.48	2.78
27	0.68	1.31	1.70	2.05	2.47	2.77
28	0.68	1.31	1.70	2.05	2.47	2.77
29	0.68	1.31	1.70	2.05	2.47	1.76
30	0.68	1.31	1.70	2.04	2.46	2.76
31	0.68	1.31	1.70	2.04	2.46	2.75
32	0.68	1.31	1.69	2.04	2.45	2.74
33	0.68	1.31	1.69	2.03	2.45	2.74
34	0.68	1.31	1.69	2.03	2.44	2.73
35	0.68	1.31	1.69	2.03	2.44	2.73
36	0.68	1.31	1.69	2.03	2.44	2.72
37	0.68	1.31	1.69	2.03	2.43	2.72
38	0.68	1.30	1.69	2.02	2.43	2.71
39	0.68	1.30	1.69	2.02	2.43	2.71
40	0.68	1.30	1.68	2.02	2.43	2.71

Approximative Bestimmung für $\nu > 40$: $t_{p;\nu} \doteq u_p$.

Tabelle 7: p-Quantile $F_{p;\nu_1,\nu_2}$ der F-Verteilung

Für p < 0,5 verwende man

$$F_{p;\nu_1,\nu_2} = \frac{1}{F_{1-p;\nu_2,\nu_1}} .$$

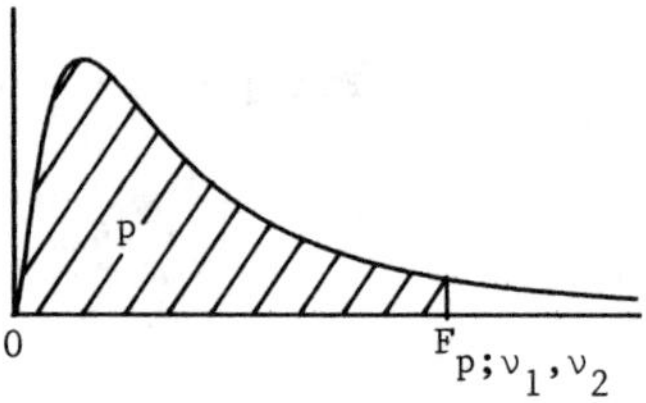

p = 0,99

ν_2	ν_1									
	1	2	3	4	5	6	7	8	9	10
1	4052	4999	5403	5625	5764	5859	5928	5981	6023	6056
2	98.5	99.0	99.2	99.3	99.3	99.3	99.4	99.4	99.4	99.4
3	34.1	30.8	29.4	28.7	28.2	27.9	27.7	27.5	27.3	27.2
4	21.2	18.0	16.7	16.0	15.5	15.2	15.0	14.8	14.7	14.5
5	16.3	13.3	12.1	11.4	11.0	10.7	10.5	10.3	10.2	10.1
6	13.7	10.9	9.78	9.15	8.75	8.47	8.26	8.10	7.98	7.87
7	12.2	9.55	8.45	7.85	7.46	7.19	6.99	6.84	6.72	6.62
8	11.3	8.65	7.59	7.01	6.63	6.37	6.18	6.03	5.91	5.81
9	10.6	8.02	6.99	6.42	6.06	5.80	5.61	5.47	5.35	5.26
10	10.0	7.56	6.55	5.99	5.64	5.39	5.20	5.06	4.94	4.85
12	9.33	6.93	5.95	5.41	5.06	4.82	4.64	4.50	4.39	4.30
15	8.68	6.36	5.42	4.89	4.56	4.32	4.14	4.00	3.89	3.80
20	8.10	5.85	4.94	4.43	4.10	3.87	3.70	3.56	3.46	3.37
25	7.77	5.57	4.68	4.18	3.85	3.63	3.46	3.32	3.22	3.13
30	7.56	5.39	4.51	4.02	3.70	3.47	3.30	3.17	3.07	2.98
50	7.17	5.06	4.20	3.72	3.41	3.19	3.02	2.89	2.78	2.70
100	6.89	4.82	3.98	3.51	3.21	2.99	2.82	2.69	2.59	2.50
120	6.84	4.79	3.95	3.48	3.17	2.96	2.79	2.66	2.56	2.47
∞	6.63	4.61	3.78	3.32	3.02	2.80	2.64	2.51	2.41	2.32

p = 0,99

ν_2	ν_1								
	12	15	20	25	30	50	100	120	∞
1	6106	6157	6209	6240	6261	6303	6335	6340	6366
2	99.4	99.4	99.5	99.5	99.5	99.5	99.5	99.5	99.5
3	27.1	26.9	26.7	26.6	26.5	26.4	26.2	26.2	26.1
4	14.4	14.2	14.0	13.9	13.8	13.7	13.6	13.6	13.5
5	9.89	9.72	9.55	9.45	9.38	9.24	9.13	9.11	9.02
6	7.72	7.56	7.40	7.30	7.23	7.09	6.99	6.97	6.88
7	6.47	6.31	6.16	6.06	5.99	5.86	5.75	5.74	5.65
8	5.67	5.52	5.36	5.26	5.20	5.07	4.96	4.95	4.86
9	5.11	4.96	4.81	4.71	4.65	4.52	4.41	4.40	4.31
10	4.71	4.56	4.41	4.31	4.25	4.12	4.01	4.00	3.91
12	4.16	4.01	3.86	3.76	3.70	3.57	3.47	3.45	3.36
15	3.67	3.52	3.37	3.28	3.21	3.08	2.98	2.96	2.87
20	3.23	3.09	2.94	2.84	2.78	2.64	2.54	2.52	2.42
25	2.99	2.85	2.70	2.60	2.54	2.40	2.29	2.27	2.17
30	2.84	2.70	2.55	2.45	2.39	2.25	2.13	2.11	2.01
50	2.56	2.42	2.27	2.17	2.10	1.95	1.94	1.92	1.68
100	2.37	2.22	2.07	1.97	1.89	1.74	1.60	1.57	1.43
120	2.34	2.19	2.03	1.93	1.86	1.70	1.56	1.53	1.38
∞	2.18	2.04	1.88	1.77	1.70	1.52	1.36	1.32	1.00

Tabelle 7 (Fortsetzung)

p = 0,95

ν_2	ν_1 = 1	2	3	4	5	6	7	8	9	10
1	162	200	216	225	230	234	237	239	241	242
2	18.5	19.0	19.2	19.2	19.3	19.3	19.4	19.4	19.4	19.4
3	10.1	9.55	9.28	9.12	9.01	8.94	8.89	8.85	8.81	8.79
4	7.71	6.94	6.59	6.39	6.26	6.16	6.09	6.04	6.00	5.96
5	6.61	5.79	5.41	5.19	5.05	4.95	4.88	4.82	4.77	4.74
6	5.99	5.14	4.76	4.53	4.39	4.28	4.21	4.15	4.10	4.06
7	5.59	4.74	4.35	4.12	3.97	3.87	3.79	3.73	3.68	3.64
8	5.32	4.46	4.07	3.84	3.69	3.58	3.50	3.44	3.39	3.35
9	5.12	4.26	3.86	3.63	3.48	3.37	3.29	3.23	3.18	3.14
10	4.96	4.10	3.71	3.48	3.33	3.22	3.14	3.07	3.02	2.98
12	4.75	3.89	3.49	3.26	3.11	3.00	2.91	2.85	2.80	2.75
15	4.54	3.68	3.29	3.06	2.90	2.79	2.71	2.64	2.59	2.54
20	4.35	3.49	3.10	2.87	2.71	2.60	2.51	2.45	2.39	2.35
25	4.24	3.39	2.99	2.76	2.60	2.49	2.40	2.34	2.28	2.24
30	4.17	3.32	2.92	2.69	2.53	2.42	2.33	2.27	2.21	2.16
50	4.03	3.18	2.79	2.56	2.40	2.29	2.20	2.13	2.07	2.03
100	3.94	3.09	2.70	2.46	2.31	2.19	2.10	2.03	1.97	1.93
120	3.92	3.07	2.68	2.45	2.29	2.18	2.09	2.02	1.96	1.91
∞	3.84	3.00	2.60	2.37	2.21	2.10	2.01	1.94	1.88	1.83

p = 0,95

ν_2	ν_1 = 12	15	20	25	30	50	100	120	∞
1	244	246	248	249	250	252	253	253	254
2	19.4	19.4	19.4	19.5	19.5	19.5	19.5	19.5	19.5
3	8.74	8.70	8.66	8.63	8.62	8.58	8.55	8.55	8.53
4	5.91	5.86	5.80	5.77	5.75	5.70	5.66	5.66	5.63
5	4.68	4.62	4.56	4.52	4.50	4.44	4.41	4.40	4.37
6	4.00	3.94	3.87	3.83	3.81	3.75	3.71	3.70	3.67
7	3.57	3.51	3.44	3.40	3.38	3.32	3.27	3.27	3.23
8	3.28	3.22	3.15	3.11	3.08	3.02	2.97	2.97	2.93
9	3.07	3.01	2.94	2.89	2.86	2.80	2.76	2.75	2.71
10	2.91	2.85	2.77	2.73	2.70	2.64	2.59	2.58	2.54
12	2.69	2.62	2.54	2.50	2.47	2.40	2.35	2.34	2.30
15	2.48	2.40	2.33	2.28	2.25	2.18	2.12	2.11	2.07
20	2.28	2.20	2.12	2.07	2.04	1.97	1.91	1.90	1.84
25	2.16	2.09	2.01	1.96	1.92	1.84	1.78	1.77	1.71
30	2.09	2.01	1.93	1.88	1.84	1.76	1.70	1.68	1.62
50	1.95	1.87	1.78	1.73	1.69	1.60	1.59	1.58	1.44
100	1.85	1.77	1.68	1.62	1.57	1.48	1.39	1.38	1.28
120	1.83	1.75	1.66	1.60	1.55	1.46	1.37	1.35	1.25
∞	1.75	1.67	1.57	1.51	1.46	1.35	1.24	1.22	1.00

LITERATURHINWEISE

An dieser Stelle wird eine Auswahl von deutschsprachigen Statistiklehrbüchern und Aufgabensammlungen gegeben, die ausschließlich oder teilweise die induktive Statistik zum Gegenstand haben.

Bamberg, G., u. F. Baur: Statistik. 7. Auflage, München - Wien 1991.

Bamberg, G., u. F. Baur: Statistik Arbeitsbuch. 2. Auflage, München - Wien 1990.

Bihn, W.R., u. K.-A. Schäffer: Übungsaufgaben zur Grundausbildung in Statistik für Wirtschaftswissenschaftler. 5. Auflage, Köln 1988.

Bleymüller, J., G. Gehlert u. H. Gülicher: Statistik für Wirtschaftswissenschaftler. 6. Auflage, München 1989.

Deutler, T., M. Schaffranek u. P. Steinmetz: Statistik-Übungen im wirtschaftswissenschaftlichen Grundstudium. 2. Auflage, Berlin - Heidelberg - New York - Tokio 1988.

Hansen, G.: Methodenlehre der Statistik. 3. Auflage, München 1985.

Hartung, J.; B. Elpelt u. K.-H. Klösener: Statistik. Lehr- und Handbuch der angewandten Statistik. 7. Auflage, München - Wien 1989.

Hochstädter, D.: Einführung in die statistische Methodenlehre. 6. Auflage, Frankfurt/Main - Thun 1989.

Hochstädter, D.: Aufgaben mit Lösungen zur statistischen Methodenlehre. Frankfurt/Main - Thun 1990.

Lippe, P. von der: Klausurtraining Statistik. 3. Auflage, München - Wien 1990.

Pfanzagl, J.: Allgemeine Methodenlehre der Statistik II. 5. Auflage, Berlin - New York 1978.

Schlittgen, R.: Einführung in die Statistik. Analyse und Modellierung von Daten. 3. Auflage, München - Wien 1991.

Vogel, F.: Beschreibende und schließende Statistik. Aufgaben und Beispiele. 3. Auflage, München - Wien 1989.

STICHWORTVERZEICHNIS

Die Angabe der Seitenzahlen beschränkt sich in der Regel auf diejenigen Stellen, an denen die Stichworte definiert sind.

Band 79: Bernd Hecke
Nachfolgepolitik bei Familienpersonengesellschaften und ihre Besteuerungsfolgen – Dargestellt am Beispiel der teilentgeltlichen Übertragung aller Anteile an einer Einmann-GmbH und Co. KG
Bergisch Gladbach 1991, 340 S., 62,— DM, ISBN 3-89012-260-4

Band 80: Norbert H. Hölscheidt
Die Haftung der Banken im Zahlungsverkehr – unter besonderer Berücksichtigung girovertraglicher Haftungsfragen
Bergisch Gladbach 1991, 384 S., 66,— DM, ISBN 3-89012-264-7

Band 81: Manfred M. Gatzen
Bewertung von Arztpraxen
Bergisch Gladbach 1992, 408 S., 69,— DM, ISBN 3-89012-271-X

Band 82: Arno Schnell
Eigenkapitalersetzende Gesellschafterleistungen – Handelsrechtliche Bilanzierung und steuerliche Konsequenzen
Bergisch Gladbach 1992, 368 S., 66,— DM, ISBN 3-89012-272-8

Band 83: Stefan Höflacher
Einlagen und Eigenkapital bei der handels- und steuerrechtlichen Erfolgsermittlung in ökonomischer Sicht
Bergisch Gladbach 1992, 364 S., 66,— DM, ISBN 3-89012-273-6

REIHE: GRÜNDUNG, INNOVATION UND BERATUNG
Herausgegeben von Prof. Dr. Norbert Szyperski, Köln; StB Dr. Johannes Georg Bischoff, Köln und Dr. Heinz Klandt, Köln

Band 13: Hans Pechtl
Innovatoren und Imitatoren im Adoptionsprozeß von technischen Neuerungen
Bergisch Gladbach 1991, 380 S., 67,— DM, ISBN 3-89012-236-1

Band 14: Dietmar-Peter Franke
Dienstleistungsinnovationen – Eine prozeßorientierte Analyse dienstleistungsbezogener Neuerungen auf der Grundlage des 'Integrationsansatzes'
Bergisch Gladbach 1991, 240 S., 52,— DM, ISBN 3-89012-255-8

Band 15: Sabine Herzhoff
Innovations-Management – Gestaltung von Prozessen und Systemen zur Entwicklung und Verbesserung der Innovationsfähigkeit von Unternehmungen
Bergisch Gladbach 1991, 428 S., 71,— DM, ISBN 3-89012-256-6

REIHE: MEDIZINISCHE FORSCHUNG
Herausgegeben von Prof. Dr. med. Victor Weidtman (em.), Köln;

Band 6: Hanns Ackermann
Mehrdimensionale Diagnosebereiche
Bergisch Gladbach 1988, 244 S., 46,— DM, ISBN 3-89012-133-0

REIHE: WISO-STUDIENTEXTE

Herausgegeben von Prof. Dr. Eckart Bomsdorf, Köln und Prof. Dr. Josef Kloock, Köln

Band 1: Eckart Bomsdorf
Deskriptive Statistik – Mit einem Anhang zur Bevölkerungs- und Erwerbsstatistik
7., durchgesehene Auflage
Bergisch Gladbach 1992, 208 S., 17,80 DM, ISBN 3-89012-266-3

Band 2: Eckart Bomsdorf
Induktive Statistik – Eine Einführung
5., durchgesehene Auflage
Bergisch Gladbach 1992, 216 S., 19,80 DM, ISBN 3-89012-276-0

REIHE: PLANUNG, INFORMATION UND UNTERNEHMUNGSFÜHRUNG

Herausgegeben von Prof. Dr. Norbert Szyperski, Köln; Prof. Dr. Paul Schmitz, Köln; Prof. Dr. Winfried Matthes, Wuppertal; Prof. Dr. Joachim Griese, Bern und Dr. Udo Winand, Köln

Band 37: Hans Peter Döhmen
Anlässe, Ziele und Methodik der Diversifikation – Dargestellt am Beispiel einer Unternehmung der Asphaltindustrie
Bergisch Gladbach 1991, 548 S., 79,— DM, ISBN 3-89012-222-1

Band 38: Volker Steinhoff
Anforderungen und Gestaltungskriterien bei der Entwicklung von Benutzerschnittstellen für Expertensysteme
Bergisch Gladbach 1991, 280 S., 57,— DM, ISBN 3-89012-228-0

Band 39: Ingrid Baudouin
Deutsch-jugoslawische Kooperationsprojekte unter besonderer Berücksichtigung von Joint-Ventures
Bergisch Gladbach 1991, 604 S., 89,— DM, ISBN 3-89012-230-2

Band 40: Ernst Binhold
Computergestützte finanzplanorientierte Kreditwürdigkeitsprüfung
Bergisch Gladbach 1991, 376 S., 66,— DM, ISBN 3-89012-262-0

EINZELSCHRIFTEN

Susanne von Roehl
Social Marketing Kampagnen – Eine kommunikationswissenschaftliche Analyse am Beispiel der Kampagne zur Volkszählung 1987
Bergisch Gladbach 1991, 372 S., 62,— DM, ISBN 3-89012-231-0

Walter Endres
Der Betrieb – Grundriß der Allgemeinen Betriebswirtschaftslehre
Bergisch Gladbach 1991, 628 S., 39,— DM, ISBN 3-89012-233-7

Helmut Schulte Herbrüggen
Modellanalyse von Materialflußsystemen für eine kundennahe Produktion – Eine empirische Untersuchung
Bergisch Gladbach 1991, 396 S., 68,— DM, ISBN 3-89012-234-5

Ursula Slapio
Die Wahl der Rechtsform bei Gründung von Familienunternehmen – KG, GmbH und GmbH & Co KG im Handels-, Gesellschafts- und Steuerrecht
Bergisch Gladbach 1991, 176 S., 47,— DM, ISBN 3-89012-240-X

Erik Gawel
Die beamtenrechtliche Beihilfe als Risikovorsorgesystem im Krankheitsfall – Grundlagen einer systemvergleichenden gesundheitsökonomischen Analyse
Bergisch Gladbach 1991, 104 S., 39,— DM, ISBN 3-89012-243-4

Reinhard W. Biehl
Die Mobilisierung von Bankkrediten an hochverschuldete Länder – Ein verhaltenstheoretischer Ansatz zur Lösung der internationalen Verschuldungskrise
Bergisch Gladbach 1991, 264 S., 56,— DM, ISBN 3-89012-244-2

Anke Steinhoff
Zur Bindungswirkung der Emissionswerte der TA Luft zugunsten des Anlagenbetreibers
Bergisch Gladbach 1991, 252 S., 54,— DM, ISBN 3-89012-247-7

Klaus Jäckel
Kooperationsstrategien im Linienluftverkehr vor dem Hintergrund zunehmender Integrationsentwicklung in Europa
Bergisch Gladbach 1991, 384 S., 69,— DM, ISBN 3-89012-259-0

Peter J. Florenz
Konzept des vertikalen Marketing – Entwicklung und Darstellung am Beispiel der deutschen Automobilwirtschaft
Bergisch Gladbach 1992, 488 S., 79,— DM, ISBN 3-89012-267-1

Schach/Trenkler (Eds.)
Data Analysis and Statistical Inference – Festschrift in Honour of Friedhelm Eicker
Bergisch Gladbach 1992, 604 S., 89,— DM, ISBN 3-89012-274-4

REIHE: BIFOA-MONOGRAPHIEN
Herausgegeben von Prof. Dr. Dr. h.c. mult. Erwin Grochla †, Köln; Prof. Dr. Erich Frese, Köln; Prof. Dr. Paul Schmitz (em.), Köln und Prof. Dr. Dietrich Seibt, Köln

Band 30: Gerd Wolfram
Organisatorische Gestaltung des Informations-Managements – Konzeption und aufbauorganisatorische Aspekte
Bergisch Gladbach 1990, 388 S., 65,— DM, ISBN 3-89012-197-7

Band 31: Klaus Höring
Theoretische und konzeptionelle Grundlagen der Bürosystem-Planung
Bergisch Gladbach 1990, 240 S., 42,— DM, ISBN 3-89012-202-7

REIHE: KÖLNER JURISTISCHE GESELLSCHAFT
Herausgegeben vom Vorstand

Band 10/11: **Möglichkeiten, Gefahren und rechtliche Schranken befruchtungstechnischer und gentechnischer Eingriffe unter besonderer Berücksichtigung des Entwurfs eines Embryonenschutzgesetzes**
Siegfried Trotnow: Reproduktionsbiologischer Teil
Dagmar Coester-Waltjen: Juristischer Teil
Bergisch Gladbach 1990, 72 S., 24,— DM, ISBN 3-89012-194-2

Band 12: Georg Brunner
Politischer Systemwandel und Verfassungsreformen in Osteuropa
Bergisch Gladbach 1990, 56 S., 20,— DM, ISBN 3-89012-195-0

Band 13: Norbert Horn
Markt und Recht – Der Übergang der DDR in die Marktwirtschaft
Bergisch Gladbach 1991, 52 S., 20,— DM, ISBN 3-89012-238-8

REIHE: BETRIEBLICHE PRAXIS

Band 4: Ursula Göcken/Karl-Werner Schulte
Fundamentale Aktienanalyse – Die Praxis deutscher Kreditinstitute
Bergisch Gladbach 1990, 164 S., 42,— DM, ISBN 3-89012-210-8

Band 5: Johannes Georg Bischoff
Das Rechnungswesen der Handelsvertretung als Führungsinstrument
2. Auflage
Bergisch Gladbach 1991, 80 S., 29,— DM, ISBN 3-89012-254-X

Band 6: Bettina Gereth/Karl-Werner Schulte
Mezzanine-Finanzierung
Bergisch Gladbach 1992, 236 S., 54,— DM, ISBN 3-89012-268-X

Band 7: Dirk Deppe
Dynamische Ertrags- und Finanzplanung zur Früherkennung und Abwehr von Unternehmenskrisen in mittelständischen Unternehmen
Bergisch Gladbach 1992, 384 S., 69,— DM, ISBN 3-89012-269-8

REIHE: KUNSTGESCHICHTE
Herausgegeben von Prof. Dr. Norbert Werner, Gießen

Band 3: Petra Sophia Zimmermann
Urbanistik der Hochrenaissance – Leitideen in Theorie und Praxis – Das Beispiel Verona
Bergisch Gladbach 1991, 288 S., 59,— DM, ISBN 3-89012-239-6

Band 4: Gerd Steinmüller
Die suprematistischen Bilder von Kasimir Malewitsch: Malerei über Malerei
Bergisch Gladbach 1991, 308 S., 59,— DM, ISBN 3-89012-250-7

REIHE: QUANTITATIVE ÖKONOMIE

Herausgegeben von Prof. Dr. Eckart Bomsdorf, Köln; Prof. Dr. Wim Kösters, Bochum und Prof. Dr. Winfried Matthes, Wuppertal

Band 28: Erwin Albers
Ein Standardmodul zur Lösung kombinatorischer Entscheidungsprobleme der Produktionssteuerung
Bergisch Gladbach 1991, 212 S., 54,— DM, ISBN 3-89012-227-2

Band 29: Michael Bös
Optionsbewertung und Kapitalmarkt
Bergisch Gladbach 1991, 276 S., 52,— DM, ISBN 3-89012-229-9

Band 30: Christoffer Schneider
Die internationale Transmission der Fiskalpolitik eines großen Landes
Bergisch Gladbach 1991, 260 S., 54,— DM, ISBN 3-89012-237-X

Band 31: Hans-Georg Naarmann
Arbeitskosten und Beschäftigung – Eine empirische Analyse verschiedener Beschäftigungsalternativen
Bergisch Gladbach 1991, 300 S., 59,— DM, ISBN 3-89012-246-9

Band 32: Lothar Klausing
Außenhandel, Preisniveau und Beschäftigung – Eine ökonometrische Untersuchung für die Bundesrepublik Deutschland unter Berücksichtigung zeitvariabler Koeffizienten
Bergisch Gladbach 1991, 192 S., 49,— DM, ISBN 3-89012-253-1

Band 33: Ulrike Kaiser
Empirische Bestimmung von Produktwahrnehmung und Idealvorstellung aus globaler Befragung – Ein Ansatz zur Operationalisierung von Entfaltungsanalysen
Bergisch Gladbach 1991, 232 S., 52,— DM, ISBN 3-89012-263-9

Band 34: Rolf Theodor Schuster
Hysterese auf Arbeitsmärkten – Eine Untersuchung zur empirischen Relevanz der stochastischen Katastrophentheorie
Bergisch Gladbach 1991, 220 S., 52,— DM, ISBN 3-89012-265-5

Band 35: Klaus van den Berg
Empirische und theoretische Grundlagen der Arbeitskräftehortung
Bergisch Gladbach 1992, 252 S., 54,— DM, ISBN 3-89012-270-1

Band 36: Stefan van der Velden
Die Interventionen der Deutschen Bundesbank am DM/US-$-Markt als Informationsinstrument? – Eine empirische Analyse basierend auf den Grundelementen der Finanzmarktansätze
Bergisch Gladbach 1992, 240 S., 54,— DM, ISBN 3-89012-275-2

REIHE: VERSICHERUNGSWIRTSCHAFT
Herausgegeben von Prof. Dr. Dieter Farny, Köln

Band 5: Bettina Orsinger
Auswirkungen des Bilanzrichtlinien-Gesetzes auf die Ermittlung des Versicherungswertes in der Feuer-Betriebsunterbrechungs-Versicherung
Bergisch Gladbach 1991, 336 S., 59,— DM, ISBN 3-89012-223-X

Band 6: Ludger Arnoldussen
Finanzwirtschaftliche Effekte von Rückversicherungsverträgen in der Schaden- und Unfallversicherung
Teil 1: Textteil
Teil 2: Tabellen- und Abbildungsteil
Bergisch Gladbach 1991, 480 S., 89,— DM, ISBN 3-89012-225-6

Band 7: Gerd Weidenfeld
All Risks-Versicherung
2. Auflage
Bergisch Gladbach 1991, 104 S., 39,— DM, ISBN 3-89012-245-0

Band 8: Frauke Schucht
Die Aussagefähigkeit der Gewinn- und Verlustrechnung von Lebensversicherungsunternehmen – Überschneidungsprobleme aus versicherungsmathematischer und betriebswirtschaftlicher Sicht
Bergisch Gladbach 1991, 240 S., 56,— DM, ISBN 3-89012-248-5

REIHE: WIRTSCHAFTSINFORMATIK
Herausgegeben von Prof. Dr. Dietrich Seibt, Köln und Prof. Dr. Dr. Ulrich Derigs, Köln

Band 1: Hans-Georg Kemper
Dezentrale Anwendungsentwicklung – Entwicklung von betrieblichen Anwendungssystemen durch Fachabteilungen und Endbenutzer in deutschen Großunternehmen
Bergisch Gladbach 1991, 296 S., 59,— DM, ISBN 3-89012-224-8

Band 2: Karin Anstötz
Akzeptanzorientierte Systemgestaltung – Möglichkeiten und Grenzen von Prototyping mit Benutzerbeteiligung am Beispiel eines Informations- und Kommunikationssystems im Rechnerverbund
Bergisch Gladbach 1991, 336 S., 63,— DM, ISBN 3-89012-261-2
